何以为家

陈浩青 著

修好关系，安顿此心

电子工业出版社·
Publishing House of Electronics Industry
北京·BEIJING

内 容 简 介

本书是心理成长导师陈浩青基于万千案例淬炼而成的"中国式家庭破局指南"，创新"三位一体"家庭生态模型，直击四大核心维度：从自我觉醒到夫妻共舞，从科学养育到家庭全局经营，破解"内通外顺"的幸福密码。

无论是困于原生家庭创伤的个体、陷入育儿焦虑的父母，还是渴望爱情保鲜的伴侣，都能在此寻找让家"呼吸顺畅"的成长型解决方案。

当你层层叩开自我、婚姻、亲子三重关系之门时，也许会猛然发现：原来所有拧巴的家庭，都藏着未曾疗愈的自己。

图书在版编目（CIP）数据

何以为家：修好关系，安顿此心 / 陈浩青著．

北京 ：电子工业出版社，2025.8. -- ISBN 978-7-121-50827-1

Ⅰ．B848.4-49

中国国家版本馆 CIP 数据核字第 2025MOQ701 号

责任编辑：张月萍
印　　刷：河北迅捷佳彩印刷有限公司
装　　订：河北迅捷佳彩印刷有限公司
出版发行：电子工业出版社
　　　　　北京市海淀区万寿路 173 信箱　　　邮编：100036
开　　本：880×1230　1/32　　印张：7.75　字数：253 千字
版　　次：2025 年 8 月第 1 版
印　　次：2025 年 8 月第 1 次印刷
定　　价：65.00 元

推 荐 序

在人工智能日益重塑我们生活方式的今天，人们越来越懂得如何与机器对话，却常常忘了如何与亲人、与自己好好对话。《何以为家》这本书，正是在这样的背景下应运而生的——它提醒我们：再强大的 AI 也替代不了一个温暖、有力的家庭系统，替代不了一个人内在自我认同的觉醒。

浩青老师是我多年的好友，他以一位资深情感咨询师、心理学专家的敏锐和诚意，融合多年从事心理教育和陪伴来访者的洞察，将原生家庭、自我成长、伴侣沟通、亲子养育等核心议题，以温柔而坚定的方式娓娓道来。这本书不仅是一位心理工作者的自我告白，更是一部高价值的、在 AI 时代值得专注阅读的家庭教育之书、心理之书。

作为一名心理学家和 AI 前沿探索者，我深知技术可以提高工作、学习效率，却唯有爱与理解能真正疗愈人心。浩青老师用他的经历和智慧，为这个信息过载、关系稀薄的时代提供了一种深度陪伴的范式，也为那些在家庭关系中迷失的人点亮了回家的灯塔。

愿此书，成为新时代每一位追问"何以为家"的人心中，一本柔软却有力量的答案之书。

刘志斌 博士

心理学家 / AI 前沿探索者

清华大学特聘职业发展导师

香港金融管理学院客座教授

深圳市人工智能产业专家委员会专家

自　序

我是陈浩青，一名情感心理咨询师，也曾经是一位拥有 1000 万个粉丝的网红主播。今天，我带着诚惶诚恐的心情，将这些年从事咨询工作与个人成长的心得，凝结成文，付梓于册。

这本书的诞生，是我给自己的一个交代。写书源自我的学员对我的鼓励与期待，他们希望我将那些关于家庭关系的经营之道，那些在无数个日夜中积累下来的智慧，分享给更多的人。他们甚至说，即使不读，也会购买这本书，因为放在床头可能会让人感觉心安。这让我意识到，我做的事情不仅仅是一份工作，更是一份责任，一份将爱与和谐传递给每一个家庭的责任。

这些年，我看到了形形色色的家庭故事，有人从负债累累到亿万富翁，有人从小学学历到博士学位……每一个案例都让我深刻体会到：无论背景如何，人们对于幸福家庭的渴望是共通的。我听到了太多对命运的消极哀叹，对此我想说的是，在我们"听天命"之前，更应该"尽人事"。幸福，是一种能力，是一种可以通过学习和实践来掌握的能力。

这本书将带你走进自己与自己的关系、自己与伴侣的关系、自己与孩子的关系，以及自己与家庭的关系。

在这个过程中，我会分享许多技巧。技巧不是套路，也不是虚伪，而是我们为了更好地与人相处、感受真正的幸福而必须掌握的工具。就像我们学习健身、学习演讲一样，学习维护家庭关系的技巧，是为了让我们与人的关系更加健康，让我们的爱更加坚韧。当然，这本书不仅仅是一本关于技巧的书，更是一次关于真诚、关于你到底想活出怎样的人生的探讨。

这本书会给你哪些方面的专业建议

第一部分：自我成长方面。

在追求家庭和谐的道路上，我们首先需要成为更好的自己。这一部分，我们将探讨自我成长的关键要素，包括自我认知、正念觉醒、课题分离，以及如何打破原生家庭的束缚等。我们还将讨论如何接纳自己的不完美，勇敢地成为一个"足够好"的自己。

第二部分：夫妻关系方面。

夫妻关系是家庭关系中的定海神针。在这部分，我将分享夫妻间的沟通技巧、如何处理彼此之间的差异，以及如何在夫妻关系中实现自我关爱。良好的夫妻关系不仅能增进双方的幸福感，还是家庭稳固的基石，尤其会对孩子的成长起到至关重要的作用。

第三部分：孩子养育方面。

在中国，养孩子被叫作"闭眼工程"。如果你家财万贯，却没有把孩子教好，临了的那一刻，也会闭不上眼；如果你碌碌无为，却把孩子教好了，临了的那一刻，你也能够安心闭眼。了解孩子的特性是养育孩子的起点。在这部分，我们将深入探讨两个关键的板块，就是"养"和"育"。

· **养——无关系、不教育：** 养孩子，除了保证孩子身体健康，还要注重对亲子关系的养护。我始终相信，无关系、不教育。在这个板块，我们将讨论如何与孩子建立深厚的情感联系、如何处理与孩子的冲突、如何立好规矩、如何适度养育，等等。

·育——品格与能力：有了好的亲子关系，就可以着手孩子的教育问题了。在确保跟孩子有很棒的关系之后，我们将关注孩子的学习动力、情绪管理能力、社交能力、好奇心和自律性的培养与保护等。

第四部分：家庭关系方面。

在这部分，我会教你从全局的角度看待家庭关系。不要孤立地看待家庭的问题，家庭的每一部分都是构建健康家庭生态系统的关键。我会跟你探讨：家到底是讲情还是讲理的地方，家庭中最关键的两件事是什么，家庭的发展规律是什么，家庭关系的无限可能性是什么……通过升级对家庭关系的认知，我们最终可以使家庭关系达到内通外顺。

通过这本书，我想帮你做到什么呢？四个字——内通外顺，这是我在处理各种关系的过程中一直秉承的原则。我们将一起探索如何实现内心的和谐（内通），以及如何在家庭中实现顺畅互动（外顺）。这不仅关乎个人成长，更关乎家庭和谐与社会稳定。

不得不说的感谢

谢谢所有愿意相信我的来访者，他们的每一次鼓励都是我前进的动力。在这本书里，我加入了很多自己家庭的故事，以及这些年来访者的故事。当然，出于保护隐私，所有的案例都做了适当的改编。

特别要提到的是我的小学班主任，她告诉我："人生的成功者不是跑得最快的人，而是跑得最远的人。"这句话至今仍在影响着我。再有，感谢那些在我成长过程中给予我谆谆教诲的良师益友，感谢那些在探索人生边界的过程中与我并肩前行的伙伴。

感谢我的爸妈，是他们给了我生命，也感谢我的所有家人，是他们给了我家的温暖。感谢我的孩子们，是他们让我的生命得以完整。特别感谢我伟大的夫人，没有她的爱和理解，就没有这本书的诞生，也没有我们家庭的和谐与幸福。我总是跟她说：无论我多辛苦，你都比我辛苦一百倍、一千倍、一万倍。本书的主题是家，她就是我们家的最大功臣。

感谢《富足人生指南：用十年时间实现富而喜悦》作者兰启昌，没有他点燃我心里的火种，我根本不会想到自己能够出书。

感谢为本书写推荐语的前辈柳婉琴老师，还有深圳卫视纪录片部制片人李欣航，当我处于事业的不同阶段时，她们都给予了我支持和信任。

感谢刘志斌博士为本书作序，他让我看到了一位心理学学者特有的自我精进、引领与传承方面的精神品质。

感谢出版人姚老师，这本书几度更换内容、几度难产，我几度想放弃，但他始终跟我说，未来我会感谢这段经历。这种鼓励，是深陷峡谷中的我所能捕捉到的最重要的一束微光。

最后，分享一段深深影响了我人生轨迹的话给你。

在伦敦威斯敏斯特教堂地下室的墓碑林中，有一块名扬世界的墓碑。在这块墓碑上刻着这样一段话：

"在我年轻的时候，我梦想改变这个世界；当我成熟以后，我发现我不能改变这个世界，我将目光缩短了些，决定只改变我的国家；当我进入暮年以后，我发现我不能改变我的国家，我的最后愿望仅仅是改变一下我的家庭，但是这也不可能。当我现在躺在床上，行将就木时，我突然意识到：如果一开始我仅仅去改变我自己，然后，我可能改变我的家庭；在家人的帮助和鼓励下，我可能为国家做一些事情；然后，谁知道呢？我甚至可能改变这个世界。"

追求幸福的路上，我愿与你共勉。

作者

目　　录

四、育——品格与能力 139

一、自我塑造指南

1. 自我认知：做内心世界的侦探

1）自我认知是什么

在一座古希腊神庙的入口处，刻着一句著名的箴言："认识你自己。"这句话不光是一句口号，它其实是在提醒我们，要想成长，就得先了解自己。在咱们各自的家这个小圈子里，实现自我认知是超级重要的第一步。它能帮我们搞清楚自己是什么样的人，然后我们才能更好地和家人相处，互相支持。

想想看，你有没有问过自己这些问题：

· 我有坚定不移的生活信念吗？

· 我真的是性格测试里所讲的那种模样吗？

· 我是否清晰地知道自己要成为什么样的人？

· 我真的了解自己的三观是什么吗？它们是不可改变的吗？

· 我真的想好好了解自己吗？

......

2）自我认知的重要性

在生活中，我们往往忽略了自我认知的价值。试想一下，如果你在家中扮演着伴侣或父母的角色，而你对自己却知之甚少，这岂不是很荒谬？就像电影《楚门的世界》里的楚门一样，只有当我们开始质疑这个世界并探索真实的自我，才能更深刻地理解自己的行为和反应，从而能更真诚、更有效地与家人沟通和相处。

我常常跟很多父母说"育儿先育己"的教育理念。上面那些问题，每一个都像一面镜子，反映出我们的不同面貌。通过那些提问，我们可以更深入地了解自己的性格、情绪、行为模式，以及价值观，这也意味着我们要坦诚地面对自己的优点和缺点，了解自己在家庭互动中可能存在的盲点和误区。

比如，如果我们意识到自己容易焦虑，可以学习如何在家人面前管理这种情绪，以免将焦虑传递给家人；如果我们认识到自己有控制欲，可以努力给家人更多的自由和选择权，让他们学会独立思考和解决问题。这一切，都直接或间接地影响着我们与家人的相处方式，影响着家庭的氛围。

所以，**不要害怕探索你的内心世界，那里藏着你最真实的自我。**就像楚门最终选择勇敢地迈出那一步、走向真实的世界一样，我们也应该勇敢地面对自己的内心世界，不断探索和成长，以便更好地引导我们的家人走向他们的真实自己和自由。

接下来，我要带你探索你自己的内心。这个过程就像是在生活中不断追问"我是谁"和"我要什么"，你可能会开始质疑现状，同时，也会寻找到属于自己的答案。这个过程也是"行有不得，反求诸己"的实践。

3）怎么进行自我认知

（1）"20个我"——深入自我的快速通道

有一个名叫"20个我"的心理学小测试，它就像一面镜子，让我们能更清楚地看到自己内心的真实模样。这个测试的精髓在于：我们可以毫无顾忌地说出关于自己的一切想法和感受，不用担心别人怎么看，也不用做自我批判。

记得有一次，我在一个心理学沙龙中尝试了这个测试。我发现，当我要写下这些句子时，它们就像泉水一样自然而然地从心底涌出来。我写下的句子密密麻麻，它们有的关乎我的性格，有的关乎我的价值观，还有的关乎我的梦想和担忧。它们就像是一面面镜子，映照出我对这个五彩缤纷世界的看法，以及我在生活这个大舞台上扮演的角色。同时，我也看到了其他人在面对这个任务时的不同反应。有的人轻轻松松就写下了几个字，比如"我酷""我高""我瘦"，而有的人却在写下第七个句子时就卡住了。更触动我的是，有的人写着写着就哭了。这种自我认知的过程对每个人来说都是独一无二的体验。有的人选择用高墙保护自己，有的人则愿意打开心扉，去触碰内心深处最敏感的地方。

下面就具体说说如何进行"20个我"的探索。

首先，找个能让你静下心的地方，然后拿出纸和笔。记住，笔要选那种写起来顺滑的，不然思路一卡，灵感可能就飞走了。

深呼吸，然后写下"我……"作为每个句子的开头。就像在玩接龙游戏，但这次是和自己的心灵对话。

挑战来了！试着一口气写下20个句子，让思绪像脱缰的野马一样自由奔跑。记住，这里没有裁判，没有规则，只有你和你的内心。

这些句子可以关乎你的任何东西，比如你是怎么看待自己的、你的小秘密、你的大梦想，甚至你最怕的蟑螂。别害羞，这些只有你和你的纸知道。

写完"20个我"后，咱们得好好琢磨这些句子，看看它们对你来说到底意味着什么。下面是4个关键点，可以帮你解读这些句子。

（2）找出核心特质

先把你写那些"我……"的句子摊开，就像摊开一副扑克牌，看看哪张是你的王牌。比如，你手里有张"我有创造力"，这可能意味着你是一个艺术界的小能手，或者是一个解决问题的大师。再比如，如果你写的是"我勇往直前"或者"我心思细腻"，那么，这些特质就像你的个性拼图，拼起来就能看出你这个人的全貌。通过识别这些特质，你可以理解自己在家人面前能够扮演的角色，也会知道怎么更好地驾驭自己、影响伴侣，用你的优势去引导孩子。

（3）探索情感反应

写下每个句子时，你心里是什么滋味？是甜的、酸的，还是苦的？这些感觉能告诉你，哪些句子戳中了你的心。比如写下"我值得被爱"，可能就会触动你内心深处的自我价值感。有些人可能会哭个不行，这就像不小心碰到了心灵的某个敏感按钮，触动了深层的情感或回忆。不管是正面的还是负面的，这些情感的爆发都是线索，能帮你更好地了解自己的情感世界。我遇到过一些很"神奇"的学员，写着写着就觉得自己的老公还是很不错的，本来都已经走到离婚冷静期了，最后还是坚定信心继续在一起生活。所以，深入挖掘这些情感反应，就像是在挖宝，能帮你发现自我认知的盲点，甚至一些需要解决的内在冲突点。

（4）找出价值观和信仰

仔细琢磨你写下的句子，是否有某些价值观或愿望反复出现？比如，我见过有人写"我想在老家建一座图书馆""我要让身边的人都好起来"，这不只是一句话，它背后是一种纯粹想为身边人发光发热的情怀。还有人写"我家庭至上"，那么，可能对他来说，家人的幸福和健康比任何事情都重要。这些"我……"的句子，其实就是你的生活指南。它们影响你的选择，决定你的行为。理解这些价值观，就能帮你确保生活中的选择和信仰是一致的。

（5）找到进步的方向

你可以看看，是否有一些句子让你感到不确定或不舒服？这里面可能藏着你的进步方向。例如，"我害怕失败"可能表明你希望在处理风险和挑战方面变得更加自信。如果你写下"我害怕孤独"，可以问问自己这种害怕来自哪里？它是如何影响你的生活的？你能做些什么来应对这种感觉？将这些句子看作个人成长的机会，然后思考一下，你可以采取哪些行动来做出改变。

当然，对那些让你很有自信的句子也要进行深度反思。想一下，它们是如何帮助你提高自尊和自信的。例如，"我善于解决问题"这句话能否让你在面对困难时更加自信？"20个我"也可以包含我们的目标和梦想，比如"我想周游世界""我希望帮助他人"，这些句子提醒我们关注自己的愿望和追求，让我们时刻记得自己的"诗和远方"。

4）自我认知——永恒的议题

我想，经过上面提到的探索之后，你可能会在生活中不断地问自己："我到底是谁？"通过自我反思，我们能更真实地认识自己，这是内通的第一步，要做到这一点，就得有勇气面对自己的不足。

历史上的智者们，也一直在做着这样的探索，给了我们很多启示。古希腊的斯多葛学派教我们，要学会接受自己改变不了的事情，这样我们才能在和别人打交道时保持平和。佛陀告诉我们，要深入了解自己的内心，这样我们才能更好地理解别人的感受。老子则提醒我们，要顺其自然，不要强行改变别人。儒家思想强调，从自己做起，影响家庭和社会。王阳明的心学说，知道怎么做还不够，得真正去做。

现代心理学给了我们一些实用的工具来更好地了解自己。比如弗洛伊德提出的潜意识，荣格说的集体无意识，还有马斯洛的需求层次理论，这些都是帮助我们深入进行自我认知的法宝。这些理论告诉我们，认识自己不光是要知道自己做了什么、感觉如何，更重要的是要明白那些推动我们行动的内在力量。这些理论让我们明白，我们的情绪、信仰和行为习惯是如何影响我们和别人相处的。简单来说，这些理论就像是心理的 X 光机，帮我们看透自己内心深处的运作机制。

自我认知，就像咱们手里的那把钥匙，能帮咱们打开和谐关系的大门。想象一下，如果你不了解自己的底线，如何知道何时该给对方空间？如果你不认清自己的焦虑，如何保持冷静，为自己和别人提供一个安全的避风港？自我认知让我们有机会在成为一个好对象、好家长之前，先成为更好的自己。

所以，当你写完这些句子，不妨找个时间和家人一起坐下来聊聊这些"我……"。告诉他们，自己有长处和短处，也有自己的梦想和恐惧。让关系中的他人知道，每个人都是独一无二的，都有自己的价值和意义。

最后，记得给自己一些掌声。咱们每天都在学习，每天都在进步。"20 个我"不是终点，而是新的起点。咱们的每一次反思，每一次成长，都是给家人最好的礼物。

2. 正念觉醒：自我对话的深度实践

1）什么是正念

你有没有这种感觉：外面一切平静，心里却像坐过山车一样焦躁不安？这种情况，我们称之为"内耗"。这种时候，心里仿佛有个乱跳的 DJ（Disc Jockey，指唱片骑师、打碟者），不断播放着各种杂音。如果我们能掌控这个 DJ，换上轻松的旋律，我们的生活就会变得更加轻松愉快。这就是正念的魅力，它能帮助我们更好地认识自己，学会与自己的内心和谐相处。现在，就让我们一起探索一下吧。

你可能会想："这是要我去打坐，还是去练瑜伽？"或者觉得："这玩意儿是不是只有信佛的人才搞？"告诉你，不是那么回事。正念是一种特别的冥想方式，最早是佛教里的一种修行方法。后来，美国麻省理工学院的乔·卡巴金（Jon Kabat-Zinn）博士在20世纪70年代把这个方法介绍给了西方世界，让越来越多的人开始练习。正念就这样流行起来了。

虽然正念有点儿宗教背景，但它现在在商业圈、创业公司，甚至互联网行业中都很火，它可以帮助我们更好地与自己对话，保持觉察，活在当下。

马修·理查德（Matthieu Ricard），一个在神经科学实验中显示出极高幸福感的人，被称为"世界上最幸福的人"。这一称号源自他在美国威斯康星大学进行的神经科学实验，他的大脑的幸福反应远远超出了正常范围。他不仅是一位佛教僧侣，还是一位作家、摄影师和人道主义者。在"谷歌时代精神"大会上，马修·理查德分享了他对幸福的深刻见解，指出真正的幸福源自内心的平和、同理心和适应性，而非外部刺激的愉悦。在他的著作《学会快乐》中，他详细阐述了如何通过正念来培养这种幸福感。

通过正念，咱们能培养出一种更积极、更有意识的内心对话。你会明白，正念练习其实就是教你怎么用好注意力，怎么把注意力集中到正确的地方。你谁都不用靠，就靠自己。你的身体就是实验室，通过练习，你能提高专注力，挖掘自己的潜力，还能学会怎么和压力和平共处。

许多名人也是通过冥想来提升自己的心智能力和生活质量的：

·**奥普拉·温弗瑞**通过冥想保持内心的平衡，她鼓励他人也这么做。她曾说过，冥想让她能够更好地应对生活中的起伏，保持清醒的头脑和平静的心。

·**科比·布莱恩特**依靠冥想来集中精神，提高比赛表现。他认为冥想能帮助自己在关键时刻保持冷静和专注。

·**阿诺德·施瓦辛格**用冥想来管理自己的焦虑。他认为冥想极大地改变了自己的生活，让自己能够更好地应对压力。

·**史蒂夫·乔布斯**利用禅宗冥想激发创新思维。他相信，通过冥想找到的"初学者心态"对于创新和清晰思考至关重要。

作为一个正念的实践者，我每天都会抽出时间静静地坐下来，与自己的呼吸建立联系。这个简单的小动作，就像在嘈杂的都市里找到一片安静的小天地。在看待自己的时候就像个旁观者，这样我就能更客观地看待自己的想法和情绪，不会被它们牵着鼻子走了。大多数正念课程都是从两个练习开始的，一个是注意呼吸，一个是身体扫描。**这得从正念的四个基本点说起，也就是对身（Body）、受（Feeling）、心（Mind）、法（Dharma）的正念。**

2）自我对话的艺术与正念练习

（1）身的正念

在自我对话中，正念练习让我们关注身体的感受。我们要学会观察身体的紧张、放松或不适，并将这种觉察融入与自己的对话中。例如，当你感到压力时，告诉自己："我感到紧张，我需要深呼吸来放松。"我个人的经验是，即使是在行走中也可以尝试正念，我会感受脚步与地面的接触，以及周围环境的气息。这种行走成为了一种冥想，让我能更加专注，更加了解自己的行动和选择。

（2）受的正念

正念教会我们识别和接纳自己的情感。在自我对话中，我们可以更加温柔地对待自己的感受，而不是压抑或否认它们。比如对自己说："我感到难过，这是正常的，我接受这种感觉，并对此表示同情。"在平时的生活中，当我感到焦虑或沮丧时，我会暂停一下，进行几次深呼吸，然后问自己："这一刻，我身体里发生了什么？"我会注意到身体的紧张或心情的波动，然后温柔地告诉自己："这是正常的，我在这里与你同在。"

（3）心的正念

正念练习可以增强我们对思绪的觉察，让我们心里那个喋喋不休的自己变得有条理一些。通过正念练习，我们能更好地觉察自己的想法，尤其是那些带有负能量的念头。比如工作的时候遇到点儿烦心事，我就会用正念来帮忙。例如跟自己说："嘿，这想法有点儿消极，我得换个角度想想。"我会注意到自己的心情变化，但不会急着下结论。我给自己留点儿空间，观察这些情绪起伏，然后等着它们慢慢平息。

（4）法的正念

在正念的实践中，"法"其实就是指我们对自己日常生活的直接体验，比如我们的行为习惯。通过与自己内心的对话，我们可以更清楚地认识到自己的行为模式，并且有意识地决定哪些习惯值得保留，哪些需要改变。比如在日常交流中，我努力做到真正地倾听，不仅要听对方说什么，更要理解他们的感受和需求。这样的倾听方式，不仅加深了我与他人之间的联系，也让我对自己的认识更加深刻。

3）正念在生活中的实际应用

我自己会尝试将正念融入日常生活的每一个环节，无论是在工作中，还是在家做家务、带孩子时。这种专注的投入，让我在这些看似平凡的事务中找到了特别的意义。记得有一次，邻居来家里吃饭，看到我做饭时的那份专注和愉悦，好奇地问我："你怎么做个饭都这么开心？"我笑着回答："我不是在做饭，我是在给这些菜做 SPA。"这番话引得大家一阵欢笑。

我拿带娃这件事给你举个例子，看看如何将正念融入生活。

·**注意呼吸：**在孩子哭闹不止时，深呼吸可以帮助我们保持冷静，避免情绪失控。我们可以对自己说："我感到焦虑，但我知道这只是暂时的。我需要深呼吸，然后找到解决问题的方法。"

·**身体扫描：**在孩子入睡后，我们可以进行身体扫描练习，观察自己的身体感受，释放一天积累的紧张感和压力。这种自我照顾的行为不仅有助于我们保持身心健康，也能让我们在第二天以更饱满的精神状态面对孩子。

·**观察孩子的行为：**通过正念，我们可以更客观地观察孩子的行为，而不是立即做出评判。例如，当孩子在学校表现不佳时，我们可以对自己说："我注意到他最近的行为有些变化，我需要了解背后的原因，而不是仅仅批评他。"

·**理解孩子的感受：**正念练习增强了我们对情感的觉察能力，让我们能够更好地理解孩子的感受。例如，当孩子因为失去宠物而悲伤时，我们可以对自己说："他现在很伤心，我需要给他安慰和支持，而不是告诉他要坚强。"

·**自我反思：**在一天结束时，我们可以进行自我反思，回顾与孩子的互动，思考哪些地方做得好，哪些地方可以改进。这种自我对话有助于我们不断成长，成为更好的父母。

作为家庭中的一员，我们每天都在面对各种挑战，从孩子的哭闹到教育的选择，从家庭的平衡到工作的挑战。正念为我们提供了一种全新的视角，它鼓励我们活在当下，全神贯注地与家人相处，无论是在共进晚餐、一起做家务，还是在公园一起散步时。这种全然的投入，不仅能够增强我们与家人之间的情感联系，还能帮助我们更好地理解家人的需求和情绪。正如《星球大战》中的尤达大师所说："倾听自己的感觉，你才能了解真相。"通过倾听自己，我们也能更好地倾听家人。

进行正念实践，意味着我们要对自己的反应有所觉察。在家庭成员的行为让我们感到沮丧或愤怒时，正念提醒我们先深呼吸，然后以冷静和友爱的方式做出回应。这种能力，不仅能够减少家庭冲突，还能为家庭成员树立在自我调节和情绪管理方面的榜样。

而且，正念实践不仅适合成年人，它对儿童也是适用的。实际上，孩子们的心灵更为纯净和开放，他们更容易接受正念的教导。通过有趣的故事、游戏和活动，我们可以引导孩子进入正念的世界，让他们在玩乐中学习如何专注于当下，如何以一种更加平和和友爱的方式与世界互动。这不需要复杂的仪式或昂贵的工具，只需要一颗愿意尝试的心。

我想把这种生活方式分享给你，你可以从最简单的正念呼吸开始，用它来唤醒你的一天。通过简单的练习，如专注于呼吸或进行身体扫描，家庭成员都可以开始自己的正念之旅。我相信，通过正念练习，你也能学会更好地与家人相处，对自己更温柔，对家人更理解。

3. 自我认同：如何更好地成为自己

1）"成为更好的自己"：一场永无止境的赛跑

现在，好像不管我们走到哪儿，都能看到各种各样的"改变"。这种现象在当下的短视频时代尤为明显。我不知道你有没有这种感觉，每天起来之后，我们刷着抖音、看着视频号，随处可见那些展示"完美生活"的视频。有人晒出了自己的马甲线，有人晒出了刚跑完的马拉松成绩，有人晒出了世界各地的旅行照片，还有人晒出了自己的创业成功故事，还低调地说"一个普通男孩/女孩的十年"。这时候你脑子里会浮现出一个声音，那就是"我得改变"。为什么要改变？因为我要成为更好的自己。

"成为更好的自己"这个概念，听起来很励志，但其实背后隐藏着一种焦虑。它似乎在告诉我们，现在的自己还不够好，我们需要不断进步、不断改变，才能达到那个所谓的"更好"。但你有没有想过，那个"更好"真的是你想要的吗？还是说，你只是在追求别人眼中的成功？

我见过太多人跟风学英语，结果除了"Hello"和"How are you"，其他啥也没记住；还有人报名参加各种在线课程，什么火就报什么，从编程到摄影，再到打造个人 IP……结果课程过期了，连登录名都忘了。

就拿前些年火起来的刘畊宏跳操来说，好像一夜之间大家都在跳操。但你真的喜欢跳操吗？还是只是觉得大家都在跳，我不跳就落伍了？还有之前的创业潮，多少人怀揣着梦想，一头扎进创业大军。结果呢？很多人铩羽而归。再比如以前的"考公热"，我在上大学的时候问过身边的同学为什么要考公，他说："我妈妈说考公好。"我又问："那你妈妈为什么觉得考公好？"他说："因为大家说了考公好。"

这些现象其实都是跟风。跟风本身没有问题，问题在于，你得知道，这股风是不是真的适合你。真正的改变，不是别人做什么你就做什么，而是要从自己内心出发。

2）我的案例："深漂"岁月，迷失的自己

我记得在我刚成为"深漂"的时候，每天都陷入非常严重的心理内耗。我会不自觉地拿自己和身边的人比较，觉得自己的生活不够精彩，一直焦虑自己为什么还没有达到那样的"更好"。

当时的老板是一个"海归"，他问我的英文名字是什么，我说我没有，他非常惊愕——我连个英文名字都没有。大家都有英文名字，我感觉自己土得掉渣。他给我起了个名儿，叫 Michael，可每次别人这么叫我，我都得反应半天。

团队里的人聊的东西我听都没听过，什么复仇者联盟、钢铁侠……我一头雾水。为了不被大家抛下，我做了很多如今看起来特别"傻"的事情：

· 为了能和他们有共同话题，我把他们口中的那些"怎么可能没看过"的电影全"刷"了一遍，只为看起来不像局外人。

· 我试着学他们说话的方式——一半英语一半中文，开口就是"Sorry，不好意思，我 interrupt 一下"。

· 我不喜欢喝咖啡，但因为他们喜欢喝，我就跟着喝，结果第一次点了一杯美式咖啡，我愣是向服务员要了六包糖。

· 他们玩桌游，我也硬着头皮上，虽然在那个过程中我几乎没有任何"爽"感。

我做这一切，就为了能融入他们，成为那个所谓的"更好的自己"。那段时间我特别痛苦，生活带来的落差让我感受到了世界的不友善。支撑着自己走过来的，是第一个月里放在家里的几瓶啤酒、深夜里流过的几次泪、那些存在歌单里的歌，还有书包里的书、写在日记里鼓励自己的话语，当然，还有那些叫我不要放弃的人。

但慢慢地，我开始觉得不对味。我这是在干吗呢？我做这些真的是在成为更好的自己吗？那段时间的日记里，每天晚上跟自己的对话中，"我是谁？""我从哪里来？""我要到哪里去？"我写了好多，有时候一写就是两三千字，我把自己翻来覆去地审视。

我开始意识到，我做这些不是为了自己，而是为了成为别人的影子。我所做的一切，都只是为了模仿，为了做而做。我开始反思，我要的是什么？我真正喜欢的是什么？

从心理学的角度来看，"成为更好的自己"这个概念，其实是一种社会比较的表现。社会比较理论认为，人们会通过与他人比较来评估自己的社会地位和自我价值。当我们看到他人展现出某种"更好"的状态时，就会不自觉地想要达到那种状态，以此来提高自己的自我价值感。

但这种比较，往往会让我们忽视自己的独特性和局限性。我们开始追求那些并不适合自己或者自己并不真正需要的东西。我们开始为了追求而追求，却忘记了自己的初心。

3）更好地成为自己

存在主义心理学的先驱之一——心理学家维克多·弗兰克尔说过一句话，大意是：人不是要寻找生活的意义，而是要让生活充满意义。这话怎么理解呢？其实就是：生活的意义不是比出来的，是咱们自己活出来的。

所以，相比"成为更好的自己"，我更愿意主张"更好地成为自己"这个概念。这是一种"本自具足"的生命态度，它强调每个人都有自己的内在价值，不需要通过外在的成就来证明自己。在心理学中，这与卡尔·罗杰斯的无条件自我接纳理论相呼应，即我们应当接纳自己的不完美，认识到每个人都有自己的局限性，而这些局限性并不妨碍我们成为独特而有价值的个体。

比如，你是一个家庭主妇，天天围着孩子和家务转，别人都说你是贤妻良母，但你心里是不是有一个小小的梦想，想来一次出国旅游、开个小店，或者写本书？这个时候，如果你只顾着做别人眼中的"更好"，可能就会错过实现自己梦想的机会。

存在主义心理学告诉我们，每个人都是独一无二的，都有自己的个性和追求。所以，咱们不应该盲目追求成为别人眼中的"更好"，而应该更好地成为自己，活出自己的个性和价值。

那怎样才算"更好地成为自己"呢？其实就是三件事：

· 认清自己：比如，你的价值观是什么？你真正关心的事情是什么？你的梦想和抱负是什么？把它们挖掘出来，即使这些选择可能不被周围的人理解。

· 勇敢选择：承担责任和接受后果，即使这些选择可能会带来不确定性和失败。

· 活出意义：找到那些让你感到满足和快乐的事情，并且去努力实现，即使这些事情可能不会给你带来很多金钱上的回报。

我自己在大学里学的专业是国际物流管理，但我很早就发现自己喜欢给身边的人答疑解惑，尤其是在个人成长方面，所以早在大学的时候，我在大家面前俨然就是一位"心灵成长导师"。积极心理学告诉我们，幸福和成功并不取决于我们与他人的比较，而取决于我们是否能够发现自己的优势、设定自己的目标，并朝着这些目标努力。这就像在跑道上找到自己的节奏，不盲目跟随他人，而是按照自己的步伐前进。

还记得前面我提到的"深漂"岁月吗？那段时间，给留下了太多太多的印记。处在生活变迁带来的心理落差中，最容易产生丰富的内心活动。"许多哲人就是这样诞生的吧？"我在日记里这样自嘲道。

与此同时，转变悄然发生，随着时间的推移，我慢慢找到了自己的定位，勇敢地表达自己的真实想法。我听到的声音也开始改变，身边的同事会说：

"Michael，下班能占用你一点儿时间吗？我需要你的帮助。"

"Michael，等会儿一起吃饭吧，我的心很乱。"

"Michael，你今天晚上的演讲分享真的超级有料，超级暖心，好感动。"

"Michael，你真是一个很用心的人，一直在帮助人的路上前进。"

"Michael，我相信，属于你的掌声会越来越多。"

2017 年 12 月，我在一篇日记里写道："来到这个城市已经 4 个月了，人在走，路在变，最初的陌生感已经褪去，我好像重新感受到了这个世界带给我的友善。属于你的角色就是属于你的，即使有一天你离开了，这个角色也不会有人替代，它随着你的离开而消失。越来越多身边的人，那些我初来这个地方的时候，无论学历、背景、思想都让我十分欣赏甚至感觉望尘莫及的人，在需要帮助的时候，逐渐都在找 Michael——那个 4 个月前第一次有了英文名字，被人叫了几次都没有回过神来的我。"

这些认可和赞赏，让我深刻体会到，更好地成为自己并不是模仿他人，而是找到并坚持自己的独特性。但是放眼望去，许多身边的人，你可以说他是随便一个什么名称，你可以说他是社区经理，他是某某品牌的发起者，他是律师，甚至他是企业家……但唯独不是他自己。失去了"自己"的人，充其量只是一个做事的机器。

我们不需要盲目追求成为别人眼中的"更好"，而是要"更好地成为自己"。当我们勇敢地做自己、活出自己的价值时，就能赢得别人的尊重和认可。

4. 重启人生：摆脱原生家庭的阴影

每个人的成长故事都好像是一本厚厚的书，父母用爱和关心给这本书开了一个头。父母的初衷是好的，想给我们最好的起点，但有时候，他们的一些话和行为，虽然出发点是爱，却可能像一片乌云，悄悄遮住了我们心里的太阳。这些乌云，就像是我们背上的一个隐形背包，我们背着它走了很远，可能自己都没察觉到。

就像《真希望我父母读过这本书：你的孩子也会庆幸你读过》中提到的：要是我们不停下来好好想想这些影响，可能哪天突然就发现，这些老黄历又冒出来了，给我们的生活添了不少麻烦。**我们今天要聊的，不是如何与父母抗争，而是如何理解他们的影响，并找到自己的道路。**

1）那些不可避免的伤害

我出生在广东潮汕，小时候跟爷爷奶奶长大，六岁那年爷爷去世，我跟随爸妈去广州念书。我的小学是在广州以"外地人"的身份念完的，后来因为户口的原因回老家上学，从此便再也没有见过小学同学。2019年11月20日，我收到小学同学发来的聚会邀请，说这么多年没见，看看大家都在哪里发财。简单地和对方寒暄过后，我说了一句：小学，大概是我人生中最灰暗的时期吧。

发完这条信息之后，我整个人开始不对了。我知道，我又开启了无限内耗的模式——我为什么会说出这句话，明明是老同学相聚，让人那么开心的一件事情，再说了，明明只是一次普通聊天，何必说得这么深，讲出这句话人家会怎么想？还要不要叫你去了！

在脑子里争斗了很久之后，我知道要让自己冷静下来。我跑去洗了个澡，花洒开着，水在流着，整个浴室却安静得可怕。我知道，它们来了，那些此起彼伏的声音，那些那么多年缠绕在内心深处的话，都来了，在脑子里嗡嗡嗡地不断响着——

"朋友都是假的，他们是本地人，都是有钱人，你算什么！"

"生你有什么用！猪狗不如，你不配当人！"

"要是这次你没考好，就滚回老家去！你对不起列祖列宗，你不配做我儿子！"

伴随这些话语扑面而来的，是那些让人战栗的面孔，以及让人恐惧和绝望的眼神。我低着头，任由水流淋着自己的身体，搓洗着身体的手开始停了下来，整个人似乎都动弹不得。

我慢慢地抬起头，发现自己所处的不是浴室，分明是牢房，而此刻在牢房里的，分明不是我，而是那个许多年前和我一样叫陈浩青的孩子。那些声音和画面，是我后来许多年陷入自卑的开端，说那些话的人不是别人，正是自己的爸妈。对我来说，那是我最不愿意回想的时光。

那些画面的背后，是我童年时期父母无意中写下的篇章。他们可能是出于好意，但言行却在无形中伤害了我。他们没有意识到，那个时候的我渴望的不仅是物质上的满足，更需要的是情感上的关怀和理解。他们可能认为严厉的教育能培养我的坚韧和独立，却忽视了这种方式可能带来的伤害和误解。他们可能期望我无条件服从，却没有意识到我也是独立的个体，有自己的思想和情感。

还记得当时学校要组建足球队，很多人争着当左前锋、右前锋，当后卫，当门将，而在班上没敢说话的我，只能走了后门，私下找到体育老师，求他让我也加入足球队。体育老师看着我，面露难色……到了最后，我苦苦哀求，只是为了在校足球队里当一个在大家训练的时候能站在球门后面帮大家捡踢飞了的足球的人。

人，荒谬起来连自己都吓一跳。在后来很长的一段时间里，为了不触碰自卑的情绪，为了避免被嘲笑，为了不拖累别人，我喜欢的运动都是一个人或者不需要队友的——打拳、双节棍、健身、跑步、游泳……我害怕被抛弃，害怕拖累别人，害怕被人瞧不起。

这种自卑的状态，认为自己不配拥有美好的状态，持续了很久很久，我也反复在想其中的原因。一直以来，我都认为是家境不好才导致了我的自卑，导致了我的敏感多疑。

为了摆脱对自己的苛责，我开始把怨恨转移出去。我曾经一度怨恨那些家里经济条件比我好的同学，一度嫉妒那些家里有单车可以骑的同学，一度远离那些过生日的时候家里能够办派对的同学。

对于一个孩子来说，家境贫寒，生活窘迫，不管别人怎么嘲笑、讥讽他们，不管别人的生活条件多么优越，这些令许多成年人感到困扰的问题，其实在孩子的世界里从来都不是事儿。他们更在意的是爸妈看待自己的眼神是否怀着爱意，在意爸妈教导自己的语气是否伴随着尊重。

正如一句心理学名言所说——无回应之地即是绝境，如果说出身贫寒可以算人生的逆境，那么，失去了那些最亲的人本该有的对你的认可和鼓励，人生便处处是绝境。

小时候的我，为了避免堕入这样的绝境，为了得到认可，我清晰地记得，小学毕业考试，总分三百分，我考了 292.5 分，位列全年级第三，前两名都是女生，而我是男孩子里的第一名。看到家人给亲戚打去一个个电话，看到他们开心成那个样子，我才恍惚地知道，原来那是唯一能取悦他们的方式。知道成绩的那一天，我笑了，因为他们笑了。

直至后来，我通过心理学和其他方式进行自我疗愈之后，才明白原生家庭对一个人的影响有多大。

心理学的依恋理论让我认识到，我与父母的不安全依恋关系可能是我自卑和害怕被抛弃的根源。我渴望父母的爱和认可，但得到的却是批评和否定，这让我在成长的过程中感到孤独和不被理解。我学会了隐藏自己的情感，害怕被拒绝，害怕再次受到伤害。

在接触认知行为疗法之后，我看到了自己的思维模式。我意识到，我内化了父母的负面评价，开始相信自己真的不够好，不配拥有成功和幸福。这种思维模式影响了我的行为，让我在面对挑战时退缩，让我在社交场合感到不安。

后来，家庭系统理论又让我明白，我的父母可能也在他们的原生家庭中经历了类似的伤害，他们的教育方式可能是他们所知道的唯一方式。这并不是为他们的行为辩护，而是让我理解了他们的局限性，并且让我意识到，我可以选择不将这种模式继续传递下去。萨提亚沟通理论让我看到了家庭中的沟通模式对我的影响。我学会了如何在缺乏支持和鼓励的环境中寻找自己的声音，如何在不被理解的情况下坚持自己的价值。

现在，我正在努力地解开这些枷锁，试图找到自己的道路。我知道这是一个漫长而艰难的过程，但我愿意去面对，去学习，去成长。我想突破那些限制，成为一个更加完整和自信的人。我想用自己的经历告诉别人，即使在最黑暗的日子里，也有希望和光明。

在我的职业生涯中，遇到过很多成年后生活极其痛苦、缺乏安全感的人，追根溯源，往往会发现是原生家庭中的父母带来的伤害在持续影响着他。甚至，对于我爸妈的原生家庭，以及很多家庭不幸的来访者的原生家庭，扒开来看，他们小时候也遭受了无尽的"批评指责打骂吼，威胁恐吓做比较"。

有一位非常著名的家庭心理治疗师，她叫苏珊·福沃德。在她看来，这些父母是"有毒的父母"，他们的做法就像在孩子心里埋了一颗有毒的种子，这颗有毒的种子并没有随着孩子的长大而消失，反而蔓延到孩子的全部身心。

我更愿意把"有毒的父母"这个称呼改为"不成熟的父母"。毕竟，在大部分情况下，原生家庭仍然是我们在成长过程中的强大后援团，父母并没有犯真正的罪过。但是，我们也得看到，有些父母的惯常行为模式的确对孩子造成了极其严重的负面影响，它们是不安全感的主要来源。这些行为模式主要有三种。

（1）操控型

一切的关系，都有着不可逾越的最终界限，许多关系的破裂都缘于我们漠视或者试图突破这个界限。操控型父母，就是指没有界限意识的家长，只要是关于孩子的事情，事无巨细，都要插手。他们会尽力维持孩子的无力感，其中最重要的手段就是剥夺孩子做决定的权利。在一家早餐店里，我曾经目睹了一位母亲和她的孩子之间的对话：

母亲问孩子："你想吃什么？"

孩子回答："我想喝粥。"

母亲提出了不同的建议："昨天已经喝过粥了，今天我们换点儿不一样的，吃面吧。"

孩子坚持自己的选择："不，我还想喝粥。"

母亲试图说服孩子："你昨天已经喝过粥了，吃面怎么样？"

孩子依然坚持："不，我就要喝粥。"

母亲显得有些不悦："你不应该总是吃一样的东西。昨天是粥，今天我们就吃面。"

孩子小声反驳："可是妈妈，我真的还想喝粥。"

母亲最终下了决心："行了，别说了，听我的。今天我们吃面。"

你会发现，这些家长仿佛希望孩子永远都不能独立地生活，一旦发现孩子有一天要摆脱他们设下的"牢笼"，就会感到极度痛苦，人生仿佛会瞬间陷入空虚之中。所以，在必要的时刻，他们甚至会威胁孩子——如果你不按我说的做，我就不再理你，甚至断绝关系！

在父母的过度操控之下，孩子只会深感无力。他们会觉得自己的想法已经无所谓了，因为说了也白说，于是开始走向两个极端：要么像缩头乌龟，在人际关系中委曲求全，忍气吞声，成为大家欺负的对象；要么肆意妄为，桀骜不驯，等哪一天逃脱了父母的手掌便会放飞自我，彻底逃离。

（2）幼稚型

父母是孩子坚强的后盾，这是我们的共识，没错吧？而幼稚型的父母会反过来要求孩子照顾他们。孩子需要什么无关紧要，父母的需求是否得到满足才是最重要的。

这种角色的颠倒，让很多成长在这种家庭的孩子需要极力地满足父母的物质需求、情感需求，甚至保护他们的安全。在这种家庭里的孩子，基本上什么事情都需要自己来，遇到困难也都是自己解决。

我曾经遇到过一个来访者，因为实在忍受不了妈妈的幼稚行为，过来跟我诉苦。他的妈妈已经是快 50 岁的人了，天天把一堆鸡毛蒜皮的事情挂在嘴边——"我好焦虑、好烦躁啊！我都快 50 了！我感觉自己好像一个废物哦，每天都开心不起来。"

他说，妈妈无论遇到什么事都要和他抱怨，要他分析，要他给意见，就连父母的感情问题，都要连累他……

"我爸妈只要一吵架，我妈就打电话给我，讲一大堆我爸的错，但我知道在很多时候她也在隐瞒自己的错误，就是一味地说我爸不好。她要我去指责我爸，要我去做我爸的思想工作，劝我爸最好识相点儿……"

我问他："面对这种要求，你是什么感受？"

"我烦死了！真的不是开玩笑，两个加起来快一百岁的人了，还老拿我当传话筒，让我去管教他们的另一半。我要是拒绝，就说我现在长大了，不爱他们、不理他们了，说这样活着还有什么意义。"

（3）施暴型

父母对孩子的施暴，分为两种类型，一种是言语暴力，一种是肢体暴力。

· 言语暴力

曾经有一个来访者，今年已经 36 岁了，并且是两个孩子的妈妈。

当她回想起自己的父母时，她咬牙切齿地说："我想不到自己还有哪些地方没有被侮辱过，只要这东西跟我有关，无论是我的相貌、我的体型、我的成绩、我脸上的表情，甚至我分叉的头发丝都没有被放过。我们家里没有门，严格来说，是我的房间没有门，因为锁头被拆了。有一次我自己装了一个锁头回去，还被他们大骂了一顿，说我是不是翅膀硬了，是不是想闹分居！这股怨恨，我一辈子都忘不了！"

有些父母对孩子的成长存在不切实际的幻想，孩子达不到要求，就产生极强的挫败感。再加上教育方式的缺失，让有些父母在生活中习惯性地对孩子进行言语辱骂。经常侮辱孩子的外表、智力、能力甚至作为人的价值，这存在虐待的嫌疑。

· 肢体暴力

这里说的肢体暴力，不是指通常意义上的孩子不听话，调皮捣蛋，然后被父母揍一顿，而是指父母自己随便找借口对孩子拳脚相加。在电影《心灵捕手》中，心理咨询师肖恩说："我爸是个酒鬼，经常烂醉如泥，他喝醉回家就想打人，我激怒他以保护妈妈和弟弟，他如果晚上带工具回来就精彩了。"

这些惯常的行为方式，让孩子在原生家庭中受尽苦痛，面对原生家庭造成的伤害，大多数人都选择几乎一言不发的状态来面对。我想他们不是不愿意说，而是确实不知道该说什么，该怎么说，谈论那个充满着不安全的原生家庭，是一件让他们狼狈不堪的事情，于是只能在沉默当中独自面对。

我们这一生中要面临无数次考核，参加考试要准考证，当司机要驾驶证，做咨询要咨询师证……可是为什么没有一个证件，或者一次考试是针对父母的呢？每每想到为人父母居然不用经过考试，真是匪夷所思。我想，在不久的将来，或许真的会设置这样一场考试。

这些"不成熟的父母"的子女非常容易内疚，因为父母在欺负孩子的时候，会振振有词："要不是你……我才不会……"他们用很多这样的类似说辞给孩子制造巨大的内疚感，让孩子以为自己是不称职的子女。很多遭遇家庭暴力的孩子，往往责怪的不是他们的父母，成年以后甚至会说"其实我的父母也是为我好""我的父母也不容易""这都怪我当时不懂事"……

2）"不成熟的父母"会导致的后果

"不成熟的父母"对孩子的伤害是持续的、反复的、严重的，具体有哪些后果呢？

（1）孩子可能变得过于敏感

如果孩子习惯了父母总是挑剔他们的行为，他们可能会变得对他人的情绪非常敏感，也就是我们常常说的"想太多"。他们可能会在与人交往时过分小心翼翼，总是担心自己会做错什么。这种过度的敏感可能会让他们在人际交往中感到疲惫，甚至可能会被一些人利用。

（2）孩子可能变得消极和自我放弃

当孩子觉得无论做什么都被认为不够好时，可能会选择放弃努力。这就像是在说："好吧，反正我也做不到你们想要的那样，那我就不做了。"这种消极态度可能会影响他们的学业、工作甚至人际关系。

（3）孩子会变得低自尊

那些自尊心较弱的孩子，可能会在校园或宿舍生活中与他人发生冲突。他们可能会无意识地模仿父母与自己的相处模式，试图在同伴中找到操控感。他们可能不愿意展示真实的自我，而是通过贬低他人来提升自己的自尊。这种行为可能会被误解为自信，但实际上是他们内心不安的体现。

3）摆脱负面束缚的方法

（1）若有条件就在空间上拉开距离

俗话说，远香近臭。如果你发现自己的家庭总是让你感到压抑和不安，第一步是给自己一些物理上的空间。比如，考虑搬出去住，或者减少和家人的接触。如果你是女生，推荐你看看《你当像鸟飞往你的山》，我看完深受触动，书中的塔拉通过努力学习，最终逃离了一个充满限制的家庭。学会远离那些总是让你感到被消耗的人，能让你有更多的时间去思考自己的价值。即使不能完全断绝关系，保持一定的距离也能让你更清楚地认识自己，慢慢摆脱家庭带来的负面情绪。如果你是男生，推荐一部电影——《心灵捕手》，看看主人公如何克服自己内心的恐惧和痛苦，最终找到人生道路。

（2）创造新的成功体验

改变的关键在于用新的经历来替代负面记忆。比如，尝试学习一门新技能，投入时间和精力去掌握它，在这个过程中的每一次进步都是对自己的肯定。当你能够独立完成一道菜肴，或者流畅地弹出一首曲子时，你会感受到成就感和自我价值的提升。每一次小小的成功都会让你认识自己的能力，逐渐改变你对自己的看法。通过不断地挑战自己，你会发现，原来自己可以做到这么多，生活也会因此变得更加丰富多彩。

（3）自律给你自由

自律和高自尊是相辅相成的。**我自己有写日记的习惯，日记的内容根据"四个账户"来展开，分别是健康账户、关系账户、精神账户和事业账户。每天的运动、作息、饮食、跟家人的互动、阅读、思考等，都是我往账户里"存款"的表现。这些小小的改变积累一**

段时间后，你会发现自己变得更加自信。而且，你可以想象一下，当你通过努力工作获得了不错的收入，那种感觉就像对过去的反击。你不仅在经济上独立了，更在心理上获得了自由。我见过许多来访者，在职场中通过自律和努力，逐渐成长为自信的"大女人""大男人"，最终证明了自己的价值。

（4）赋予经历意义

在生活中面对各种挑战时，试着问自己："这件事情教会了我什么？"每一次挫折和失败，都是成长的机会。比如，经历了一段不顺利的感情，你可以反思自己在其中的感受和教训，这能让你在未来的关系中更加成熟。这样的思考不仅能减轻痛苦，还能帮助你更好地理解自己。赋予经历意义，让你在生活的旅途中不断成长，逐渐形成更健康的自我认知。每一次反思，都是在为自己的未来铺路，让你变得更加坚强。

（5）抛开那些"必须"想法

很多内心的纠结都源自"必须"想法：我必须拥有完美的身材，我必须经济独立，我必须拥有幸福的家庭和美满的婚姻……我一直主张，别让这些"必须"想法束缚你。有些朋友会疑惑地问："老师，我们难道不应该对自己有所期待吗？"我的回答是：我们当然应该努力成为更好的自己，但关键在于，这些期待的基准是什么？它们是源自你内心的真实渴望，还是仅仅因为外界的标准和期望的影响？

心理学理论告诉我们，人们之所以会陷入"必须"怪圈，常常是因为在外界不断地寻找一个能被大家喜欢的"自我"模板，试图依照这个模板来塑造理想化的自我。

这个理想化的自我往往是无懈可击的，它集合了所有的优点：

智慧、魅力、卓越、完美无瑕。但当我们用这个理想化的自我来对比现实中的自己时，往往会感到自己像个"冒牌货"。因此，我们不断地努力去维持那个理想化的形象，害怕别人窥见那背后真实的自我。

那么，我们该如何打破这种"必须"想法的束缚，摆脱这无形的枷锁呢？其实方法并不复杂，关键在于重新连接我们的真实感受。虽然这些感受可能并不总是清晰、明确，但它们才是我们最真实、最可靠的向导。

在回顾自己的成长之路时，我意识到，尽管原生家庭的负面影响曾让我痛苦不堪，但它也赋予了我一种力量——自我反思和成长的力量。我开始理解，那些曾经让我感到窒息的束缚，实际上是我成长的催化剂。它们迫使我去寻找自我，去探索自己的价值和意义。

我学会了接受自己的不完美，也接受了父母的不完美。我开始看到，父母的行为并非出于恶意，而是他们自身局限和痛苦的反映。我不再努力寻求他们的认同，而是寻求自己的认同。我不再让他们的期望定义我，而是让自己的梦想和价值观引导我。

我明白了，真正的自由不在于逃避，而在于面对。我选择面对自己的恐惧和不安，面对那些深藏在心底的伤痛。我选择用我的经历，那些曾经让我痛苦的经历，去塑造一个更加坚强、更加独立的自己。

如今，我站在一个新的起点上，带着过去的教训，也带着对未来的希望。我不再害怕孤独，因为我知道自己有力量独自前行。我不再害怕失败，因为我知道每一次失败都是向成功迈进的一步。

我的故事，就像很多人的故事一样，充满了挑战和困难。这也是我们共同的故事——一个关于成长、自我发现和超越的故事。我们可能无法选择自己的原生家庭，但我们可以选择如何面对它。我们可以选择让它成为我们成长的垫脚石，而不是绊脚石。

5. 课题分离：画下自己的"三八线"

想象一下，你是一个正在热播的电视剧里的演员，而你的生活就是这部剧的剧本。在这个剧本里，有各种各样的角色——你的家人、朋友、同事，以及陌生人。每个人都在给你提建议，告诉你该怎么演，好像他们才是主角，你成了跑龙套的。**所以，要学会提醒自己，这出戏的主角是你自己，你有权利按照自己的想法来编写剧本，这就是课题分离的魅力所在。**

1）建立自我的边界——课题分离

课题分离是奥地利心理学家阿尔弗雷德·阿德勒提出的一个概念，用于帮助人们处理人际关系中的边界问题。它的核心思想是区分个人的责任和选择，从而减少不必要的心理负担和冲突。每个人都有自己的课题，也就是个人的责任和选择。当一个人能够分清自己和他人的课题时，就能够避免对他人生活进行过度干涉，同时能保护自己不受他人课题的干扰。

阿德勒认为，所有的烦恼都源自人际关系，而课题分离就是解决这些矛盾的一种方法。他对我们日常生活里可能存在的人际关系问题（例如与亲人、朋友、恋人、同事，以及其他人之间存在的问题）用一句极为精简的话进行了总结："一切人际关系矛盾都起因于对别人的课题妄加干涉或者自己的课题被别人妄加干涉。"所谓课题分离，就是能够分清楚别人的事和我的事，别人的情感和我的情感。

2）为什么要进行课题分离

（1）保护个人情感

感情这东西，说它柔软也柔软，说它脆弱也脆弱。咱们跟人打交道，难免会有情感上的交流和摩擦。要是没有界限，咱们的心思就容易受外界影响，甚至被侵犯。

有一个来访者，一个在深圳打拼的年轻女孩，她有一个问题，就是不好意思拒绝同事的请求。有一次，一个同事家里有急事，让她帮忙弄个报告。她自己已经忙了一天，但还是硬着头皮答应了。她熬夜加班，结果第二天没精神，开会都打瞌睡，还被领导当场点名批评了。

我问她："你为啥要答应呢？明明自己都累得不行了。"她叹了口气说："我不想让他们觉得我不好相处，毕竟平时大家关系都不错。"我告诉她："你的好意值得表扬，但一个连自己都照顾不好的人，拿什么帮助别人呢？"

经过几次咨询，她总算学会了怎么拒绝那些不合理的请求。她开始试着跟同事说："我今天真挺忙的，你看能不能找别人帮忙？"一开始她心里还有点儿打鼓，但慢慢地，她发现同事们并没有因此疏远她，反而更尊重她了。你看，守住自己的界限并不意味着就会失去朋友，而是让你的心思得到应有的尊重和保护。

（2）维护自己的自尊

自尊就像咱们心里的一根柱子，它撑着咱们的自信和自我肯定。但是，有些人自我边界感不强，就容易自己跟自己过不去。我见过不少这样的来访者，他们感觉自己就像家里的一块砖，哪儿有需要就往哪儿搬。

有个学员，三十来岁的职场妈妈，天天忙得跟超人似的：工作得拼命，家里得操心，还得照顾两边的老人。时间一长，她觉得自个儿像个不停转的陀螺，自己的需求和梦想都被压箱底了。

第一次咨询的时候，她一脸疲惫地跟我说："老师，我觉得我都快不认识自己了，每天都是围着别人转，自己想做的事情一件也没做成，感觉自己就像夹心饼干，被家庭和工作两面夹击。"

我点点头，认真地对她说："我懂你的难处，但你也得想想，你自己的幸福感和满足感也很重要，不是吗？你得学会给自己画条界线。"

她有点儿疑惑地问我："但我家里人总是希望我能多付出一些，我要是真按自己的意愿来，会不会让他们失望？"

这里其实有一个误区：表面上看，画界线好像是在拒绝家人的请求，但实际上是在追求一种更健康的关系。那些自我边界感模糊的人，往往在不知不觉中忽略了自己的成长需求。他们可能觉得为了家庭，自己就得牺牲个人的时间和兴趣，却忘了告诉家人自己也需要时间去成长和充电。

我们得明白，自尊是建立在自我认同的基础上的。你的价值不是由别人的评价来决定的，而是来自你自己对自己的认识和尊重。**维护自我边界，其实是一种自我尊重的体现，这不是自私，而是自我保护。**

3）如何分辨课题归属

课题分离的关键在于确定"某种选择带来的结果最终由谁来承担"。谁承担结果，谁就拥有选择权和决定权。但是，在实际生活中，人际关系的复杂性使课题分离并不容易实施。人际关系中的纠葛，尤其是在家庭成员之间，事情往往不是非黑即白那么简单。我们不仅要处理事情本身，还要考虑对方的情感反应，以及这些反应对我们的影响。

我们经常会遇到这样的问题，比如：父母希望孩子好好学习，但孩子可能不愿意。这时候，我们就要问自己："谁最后要承担这个选择的后果？"是孩子，不是父母。所以，学习是孩子的课题。

但在现实中，父母嘴上说着"学习是为了你自己"，行动上却不断插手。因为，如果孩子不好好学习，哪个父母不得跟着遭罪呢？这就让课题分离变得复杂。父母和孩子都会为学习感到困扰，也都将承担相关后果。仅仅根据谁承担后果来判断课题归属，在这里似乎行不通。

因此，我认为，我们需要对阿德勒的理论稍作调整，应该强调的是：执行任务的人是谁，谁就是课题的主人。在学习这件事上，父母无法替孩子完成，所以这是孩子的课题。

但是，这并不意味着父母就可以完全不管。父母的职责是引导和支持，而不是强迫。举个例子，如果孩子不想做作业，父母可以问："为什么你不想写作业？"如果孩子说："因为太难了。"父母可以提供帮助，比如一起找资料，或者请家教。但如果孩子就是不想写，父母就不能替他写，因为这是孩子的任务。

孩子只有自己想学习，才能真正学进去。父母的焦虑和期望，应该转化为支持和鼓励，而不是压力和控制。我们可以给孩子指路，但不能替他们走路。毕竟，真正的改变只能来自内心。

这就是阿德勒的课题分离理论，简单、直接，但非常有效。它帮助我们认识到：每个人都有自己的课题，我们应该尊重这一点，而不是试图控制别人的生活。

4）我的课题分离实践

（1）大学时期的方向选择

在大学时期，我面临人生的重要抉择。当时，我的家庭经济状况十分困难，学费都是亲戚们凑的，家里还背负着几十万元的债务。这让我早早地就萌生了要为家庭扛起一切的想法，想尽快找到一份高薪的工作来缓解家庭的经济压力。然而，在向毕业的学长们咨询后，我意识到自己所学专业的对口工作，在毕业五到十年后，薪水可能也仅够养活自己，很难在短时间内帮助家庭走出经济困境。

就在我迷茫之际，一位同学的话点醒了我："你站在台上会发光。"虽然这话听起来有些天真，但我深知自己确实享受站在舞台上的感觉，那种被聚光灯照射、面对观众讲话的瞬间，总能让我充满激情与活力。于是，我决定听从内心的声音，勇敢地选择了一条与众不同的道路——成为一名主持人。

当亲戚们得知我的决定后，纷纷嘲讽我："你家祖祖辈辈有谁是靠说话就能吃上饭的？"面对他们的质疑与不理解，我心中涌现出一股坚定的力量："选择自己的路，让别人去说吧。"我深知，每个人的生活都是自己的课题，我们不应该让别人的课题成为自己的负担。我不能因为家庭的经济状况不好，就放弃自己的梦想与追求，去迎合他人的期望。

后来，我主持了上百场商业活动，还担任了八十场婚礼的司仪，在学校各种比赛中抛头露面，拿了好多个第一名。我赚到了一些钱，也建立了自信。从大二开始，我就往家里寄钱，减轻爸妈的经济压力。后来，我想帮助更多人站上舞台，绽放自己，于是创办了一家演说培训机构，专门为少儿和大学生提供演说培训。通过一期又一期的培训，以及一场又一场的演讲，我帮助成千上万的学生走出了自我封闭的壳，变得更加自信与开朗。我的努力与成就也得到了社会的认可，登上了《南方日报》《南方都市报》等媒体，学校还将我的个人经历拍摄成纪录片，在广东省教育平台上播放，听说还获了奖。更重要的是，在临近毕业的时候，我举办了一场个人的演讲，把家里人都邀请到了现场，当晚的报告厅挤满了人，在我感恩爸妈的时候，在场的几百名学生都潸然泪下。

（2）职业转变与坚持

大学毕业后，在好兄弟的鼓励下，我怀揣着对未来的憧憬与决心，毅然决然地告别了过去，奔赴深圳，成为"深漂"。后来，在一家心理学公司，我开启了月薪五千元的职场生涯。那时，很多人劝我："你原本已经可以月入两万，为何要去那里从零开始？"他们的疑惑不无道理，毕竟在常人看来，我放弃了过去的光鲜，选择了一份收入不高且前景不明的工作，似乎并不明智。

然而，我深知自己内心真正渴望的是什么。在那段日子里，我成为了一名心理咨询师，发了疯似的学习心理学知识，渴望通过这些知识为他人赋能，帮助他们解决心理困扰，实现自我成长。我明白，自己正在为一个厚积薄发的机会积蓄力量。当然，更多的人对我说的是："在深圳，像你这种没有资源、背景的人，一辈子都买不起房！"面对他们的质疑与担忧，我依旧坚定地走着自己的路。

我告诉自己，来深圳的目的并非买一套房，而是为了追寻并实现自己的价值，哪怕被打败，也不能被打倒。他人的种种声音，也仅仅是他人的人生课题，而我则专注于自己的课题——在心理学领域精耕细作，不断提升自己的专业素养与能力。

这份坚持终于迎来了开花结果的时刻。在随后的岁月里，我成功举办了近百场心理学讲座，积累了丰富的案例经验。当短视频的浪潮袭来，我也投入其中。后来，我经历了一天涨粉20多万个的惊喜，最终全网矩阵的粉丝达到了1000万个。我开始受邀上电视做节目，在直播间里咨询问题的学员络绎不绝，最高时甚至有 2 万多人同时在线，而这一切成绩的取得，都是在没有投入任何广告费用的情况下实现的。

来深圳三年后，我在深圳市中心拥有了属于自己的家。这段经历让我明白，只有专注于自己的课题，才能真正地实现自我价值，走出一条与众不同的人生之路。

（3）极限挑战

一直以来，我坚信"欲文明其精神，先自野蛮其体魄"的理念。为了强健体魄，我从身高 186 厘米、体重仅 125 斤的"竹竿"身材，通过在健身房里挥汗如雨，成功增重至 165 斤。曾经，我每天坚持跑 10 千米，以四分半的配速挑战自己的极限。疫情期间，我被"封"在工作室长达 37 天，即便如此，我也没有放弃跑步锻炼，甚至在狭窄的楼道里完成了半程马拉松。后来，随着管控措施进一步升级，我只能改变方式，选择跑楼梯，一跑就是 118 层。这个数字源自深圳最高楼——平安金融中心的层数，虽然有些莫名其妙，却是我心中的一种执念。

这些年，我完成过 52 千米的沙漠徒步，还有深圳户外徒步的毕业路线——"三水线"，以及奥运会标准的铁人三项——骑行 40 千米、游泳 1500 米、跑步 10 千米。我曾两次参加斯巴达勇士赛，第一次是超级赛（全程 10 千米、25 个障碍），那次比赛让我严重晒伤、脱皮，手掌皮开肉绽。然而，我没有因此退缩，紧接着又参加了更为可怕的野兽赛（全程 21 千米、30 个障碍，包含 800 米爬升和 400 米泅渡）。

尽管家里人一直跟我说运动适度就好，但我知道，这是为了一个小男孩心中的那个"英雄梦"。我选择面对这些挑战，是因为它们对我来说意义重大，而不是为了取悦他人。每次跑步或健身时，我都感觉自己在与内心对话。当我感觉自己快要崩溃时，就是我最了解自己的时刻。我能清晰地感受到自己的心跳和呼吸，知道自己的极限在哪里。每次挑战自己，都像是在与自己较量。生活中总有一些事情让人觉得自己做不到，但当我在运动中一次次告诉自己"我能行"时，就真的觉得自己无所不能。这些挑战让我感受到生活的激情和成就感。

我想通过自己的故事告诉大家，在实践课题分离的时候，有三个非常关键的点需要思考清楚：

·哪些才是我的事？答案是那些与我的梦想、价值观和目标紧密相连的事情。无论是职业选择还是个人成长，这些都是我必须自己去负责和追求的。

·万一身边的人反对的声音很大、情绪激动，怎么办？面对家人的不理解和反对，我选择理解和尊重他们的感受，同时坚持自己的选择。我可以耐心听他们说话，可以给予安慰，但最终，他们的情绪和反应是他们自己的课题，不是我的。我不能为了让别人开心，就一直按照他们的剧本去演。我知道，他们的担忧是出于爱，但我不能让这些声音左右我的人生。

·自己到底想成为什么样的人？对我来说，我想成为一个能够影响和帮助他人的人。从我有了信念的那一天开始，我就在脑子里想象两个世界，一个世界当中有我，一个世界当中没我，这两个世界最大的不同，就是我活着的意义。

要做到这些，你得有点儿"被讨厌的勇气"。有时候，这样的勇气可能会让你在别人眼里变成"反派"。但别忘了，每个人都有自己的剧本，你不可能在所有人的故事里都是主角。**你得为自己的选择负责，不是为了迎合别人而活。**

课题分离不仅仅是一个心理学概念，它是一种生活态度，一种对自己负责的表现。记住，每个人都有权利选择自己的道路，即使这条路上会有不被理解的时候。但那又怎样？生活是你自己的，你有权利去探索、去尝试、去犯错。

只要你坚持自己的课题，勇敢地走下去，总有一天你会找到属于自己的舞台，活出一个真实、充实的自己。这，就是阿德勒心理学所倡导的——活出自己的勇气和自由。身边人的想法是他们的事，而你的事是你自己的事。只有你才能决定你的人生方向，只有你才能定义你想要的生活。

6. 心智升级：拥抱成长型思维

过去在给学员上课的时候，我常常会说：我们要升级自己的心智。这时，总有很多人问我什么是心智。可以这么解释：想象一下，我们的大脑就像一部智能手机，心智就是这部手机的操作系统，比如 iOS 或者安卓系统。

在探讨自我心智的时候，我们不可避免地会触及两种截然不同的心智模式：固定型思维和成长型思维。这两种思维模式就是大脑的"指挥中心"，它们决定了我们如何看待自己、他人以及整个世界。

1）固定型思维与"应该陷阱"

固定型思维是一种将能力、智力和个性视为固定不变的思维模式。对于这种思维模式，一个可怕的表现就是常常陷入"应该"状态——我应该怎么样，这个世界应该怎么样……它让我们不愿意接受现实，而是希望现实能够按照我们的想法。当现实不按我们的想法来时，我们就会感到愤怒、焦虑或悲伤。很多不快乐的情绪背后都是这种思维在作祟。

比如，小时候我们希望父母能更理解我们，多给我们一些拥抱；上学时我们梦想着进入好学校，取得好成绩；成年后，我们希望在好的公司工作，多挣钱；成为父母后，我们又希望孩子能听从我们的话，让我们少操心……当现实不按我们的想法来时，我们总想着如何改变现实。

有一位来访者找我咨询，她总是抱怨她的丈夫不够关心她，问我如何才能让他更爱她。她希望丈夫能像电视剧里的角色一样，经常送花、说甜言蜜语，但现实是，她丈夫工作繁忙，周末也要加班，没有太多时间陪伴她。因此，她觉得丈夫不够爱她，开始抱怨，有时甚至发脾气。

我问她："你希望你的丈夫是一个怎样的人？"她回答说："我希望他能像电视剧里的男主角那样温柔体贴，总是关心我。但现实中的他总是让我失望。"我遇到过很多这样的妻子，她们总是希望丈夫能完全满足自己的期待，但现实往往并非如此。她们过于执着于自己的幻想，总觉得丈夫应该这样、应该那样，却忽略了丈夫真实的样子。

这种思维方式很容易导致夫妻间出现矛盾，甚至影响婚姻的和谐。因此，尊重对方的个性，接受现实中的差异，是维持婚姻和谐的关键。只有当妻子放下对丈夫的完美期待，接受他真实的样子，夫妻关系才能更加和谐，更加幸福。

但是，那些持有"应该思维"的人往往看不到这一点。他们似乎在与现实对抗，认为现实不应该是这样的。例如，当面对一个不听话的丈夫时，一些女性会感到非常生气，这种愤怒的背后实际上是在说："我必须让我的丈夫符合我的期望。"我问她们："如果丈夫有时候就是不听话，那该怎么办？"她们可能会坚定地说："肯定有办法让他改变。"这时，她们的愿望已经超越了现实，当结果不符合预期时，她们就会陷入深深的焦虑之中。

人长大了就得明白，世界不是围着你转的，老天爷也不管你是高兴还是难过。生活中总会有不公平的事，人生路上也免不了磕磕碰碰。如果你总是抱着自己的想法不放，觉得世界应该怎样，那就像小孩子总觉得童话故事是真的一样。当现实和你想的不一样时，你就会感到不开心、生气，甚至失望。

有人会诧异，希望自己的伴侣更顺从、在职场中超越他人，孩子更听话……这些不都是我们对生活的正当向往吗？难道追求这些也有错？实际上，抱有这些期待本身无可厚非，毕竟梦想总是要有的，万一实现了呢？然而，这种愿望与"应该思维"之间存在一条清晰的界线，那就是对现实与愿望不符的容忍度。正常的思维允许现实与愿望之间存在差异，基于正常的思维会认识到生活不可能完全按照个人的期望发展。相反，"应该思维"则是一种固执的态度，基于这种思维会要求现实必须与个人的愿望相吻合，一旦现实与愿望相悖，就会引发不满和挫败感。

还有一些人，会把这种"应该思维"对准自己。曾经有个学员跟我倒了一肚子苦水。她 30 岁，身高 160 厘米，体重 140 斤，一直在减肥的路上挣扎。看完贾玲的电影《热辣滚烫》之后，她告诉自己，是时候对自己狠一点儿了，不能再这样下去了。

后来，她不管多晚睡，哪怕累得像狗，甚至在生理期，都坚持跑步、打拳。体重秤上的数字每下降一点儿，她都能乐得跟中了彩票似的。要是体重不降反升，她的心情就像被雷劈了一样，想着不如就算了。但是她转念一想，觉得自己这么轻易认怂太没骨气，贾玲一年能减掉一百斤，自己也应该能做到。为什么别人能坚持，自己就不行？在这样几经争斗之后，她甚至一度陷入抑郁状态。

到后来，她感到自己又开始懈怠了，为了鼓舞自己继续努力，就又打开贾玲的电影看。后来这部电影也不能触动她了，她就去搜罗别的励志电影。她还跟自己公司的伙伴说，如果接下来一个星期瘦不了三斤，就在群里给大家发1000块钱的红包，但从来没有发过。到后来，她开始在各大网站搜索饮食计划，但从来没有认真做过哪怕一顿减脂餐。

你看到了吗？这种心态其实是一种病态的自我折磨，是一种精神上的自我虐待，总觉得"我应该拼命努力才行"。但真正的努力不是这样的。那些真正努力的人，心里知道自己要去哪里。他们一心想着把这件事情做成，不会"装模作样"，老惦记着自己努不努力。

我问过她，你减肥是为了什么？按道理来说，160厘米的身高，140斤，也还好啊。她说，贾玲都在减肥，我也得减。

你现在或许能理解为什么我说"应该思维"是对自我的"奴役"了。因为，"应该思维"会妨碍我们真实的情感表达，让我们的行为偏离事情本身，成了东施效颦。

我们都有愿望，比如希望伴侣能够理解我们、与我们感同身受，希望孩子乖巧、听话、懂事，希望得到他人的喜欢和尊重。然而，现实中并非总是如此。有时候，我们无法完全理解对方的感受，孩子也会有他们那个年龄特有的拖拉行为，而有些人可能就是不喜欢我们。这些都是事实，即使它们让我们感到不舒服，我们也需要接受。

事实是不容置疑的，我们不能与之讨价还价，也无法战胜它。任何改变事实的尝试都必须建立在承认事实的基础上。这些坏心情，一开始可能是你把世界想得太美好的结果，后来却变成了你看世界不顺眼的原因。你要是总盯着现实和你的期待之间的差距，就会错过世界上那些美好的东西。这种想法，就是阻碍你看到生活中的亮点、阻碍你成长的大石头。

2）成长型思维的力量

与固定型思维相对的是成长型思维。持有这种思维的人，认为能力、智力和个性是可以通过努力学习和坚持不懈的精神来提高和发展的。他们看待人生，就像是一场没有终点的马拉松，而不是短跑。他们知道，学习不是为了考试或者比赛，而是为了让自己变得更好。这种思维方式让人们更愿意为自己的成长负责，而不是把问题都推给"我天生就这样"或者"环境不允许"。

3）从"应该思维"到成长型思维的转变

转变思维模式并不容易，但这对个人的成长和幸福至关重要。我曾经遇到一位职场女性，她的眼神里满是迷茫和焦虑。她是一位中层管理者，办公桌上总是堆满了文件，电脑屏幕上闪烁着密密麻麻的数字和图表。然而，她总感觉自己的努力没有得到应有的回报。她经常挂在嘴边的话是"我应该得到晋升""我的团队应该更出色"……这些"应该"成了她心中的负担。

（1）引入成长型思维

我耐心地听这位职场女性讲述日常工作中的挑战，她对职业发展的期待，以及那些让她夜不能寐的"应该"。我问她："这些'应该'给你带来了什么？"她沉默了一会儿，然后说："它们让我感到压力很大，我总是达不到自己的期望。"

在几次咨询后，我开始引入成长型思维的概念。我告诉她，成长型思维是相信自己的能力可以通过努力来提升，而不是固定不变的。我问她："如果你不把这些看作'应该'，而看作'我想要'，事情会有什么不同？"她的眼睛里闪过一丝光芒，似乎在思考这种可能性。

（2）目标设定与行动

我记得有一次，她带着一份项目计划书来到咨询室，眼里满是期待。她说："我想在下次的项目中担任领导角色，但我担心自己不够格。"我们一起分析了她的强项和需要改进的地方。后来，她决定参加一个演讲课程来提升自己的表达能力。她还跟我说："每一个小目标的实现，都是我成长路上的一大步。"看得出来，她斗志满满。

（3）反馈与调整

几周后，她带着一丝沮丧找到了我。她的项目没有达到预期的效果，她感到非常失望。我问她："这次经历让你学到了什么？"她沉思了一会儿，然后说："虽然失败了，但我学会了如何更好地管理团队，以及如何在有压力时保持冷静。"我们一起讨论了如何从这次经历中吸取教训，并调整未来的策略。我用曼德拉的一句话鼓励她：我没有失败过，要么赢得胜利，要么学到东西。

（4）成长的喜悦

在后来的咨询中，我发现她对工作保持热情的缘故其实特别简单，就是喜欢那种把一团乱麻理顺了的满足感。记得有一次，她兴奋地跟我分享，她怎么带着团队连夜赶工，解决了客户的一个大问题，那种成就感让她一个星期的心情好得不得了。还有一次，她提的一个点子被老板当场拍板决定在全公司推广，她那得意的样子就像中了彩票一样。

时间就这么一天天过去，她慢慢地变了。以前，她总是忧心忡忡地问我，自己是不是不够好、是不是做得不够多。现在呢，她开始学会了给自己点赞。她说："我开始明白，工作不是为了实现别人眼中的成功，而是为了自己的成长和满足感。"她开始享受那些在工作中的小胜利，比如提出的新想法被团队采纳，或者成功地操办了一次复杂的会议。

她的变化是悄无声息的，但又是那么明显。她不再那么在意别人怎么看她，而是更在意自己能从工作中得到什么。她告诉我："我现在更关心的是每天能学到什么新东西，而不是纠结于自己是否升到了某个职位。"她的笑容更加自然，不再是那种勉强的笑，而是一种发自内心的满足和快乐感。

成长型思维不是一句空话，而是实实在在可以改变我们生活和工作态度的一种力量。我很开心的是，她在生活中找到了自己的节奏，不再被那些"应该"牵着走，而是开始按照自己的节奏跳舞。她的故事，就像你我的故事一样，充满了挑战，但也充满了成长和希望。

二、夫妻相处之道

1. 定海神针：夫妻关系在家庭中的分量

1）夫妻和谐，家庭才是温馨港湾

在家庭教育讲座中，我经常强调一个核心理念：**夫妻关系是家庭关系中的定海神针**。夫妻要是相处得好，家里的气氛自然就温馨。别的不说，至少夫妻愿意回家，孩子在这样的环境里长大，心里也会踏实得多。心理学家马斯洛说过，安全感是人的基本需求。孩子有了安全感才能更好地成长，学会怎么和人打交道。

家庭环境对孩子的成长到底有什么影响呢？我认为最重要的是下面的三点。

（1）安全感的培养

孩子在父母关系和谐的环境中长大，就像有了一张带来安全感的护身符。想象一下，当你结束了一天的忙碌工作，疲惫地回到家，迎接你的是爱人的一句温柔问候、孩子的一个拥抱，还有一桌热腾腾的饭菜。这样的场景，是不是让你感到无比温暖和放松？站在孩子的角度来看也是如此，这种感觉让孩子敢去尝试、敢去闯，不怕摔跟头。

（2）社交能力和自我认同的形成

家庭是孩子学习社交的第一站。父母的相处之道，孩子都看在眼里，潜移默化地学到心里。爸妈要是能和和气气、相互尊重，孩子看多了自然就学会了怎么尊重他人、怎么好好说话。同时，孩子在家庭中的地位和角色，以及父母对他们的期望和反馈，会深刻影响他们的自我认同感。得到认可和鼓励的孩子会建立起自信和自尊，觉得自己很不错，而缺乏这些的孩子可能会变得自卑和迷茫。

（3）行为模式的塑造

孩子会从父母的行为中学习到什么是对的、什么是错的。 在一个和谐的家庭中，孩子更容易形成积极的人生观和价值观，比如尊重、合作和爱；而在一个充满矛盾和冲突的家庭中，孩子可能会形成消极的世界观，比如怀疑、不信任和攻击性。说到底，父母关系的好坏，对孩子的影响是全方位的。咱们当父母的，得时刻记得，自己与另一半的相处方式对孩子来说就是最直接的教育。

但在现实中，并非每个家庭都能这么和谐。前面说到，很多成年人心里的不安全感，都是小时候家里父母关系不好导致的。在那样的家庭环境中，人们可能会因为压力和矛盾而变得情绪化，甚至失控。

我们可能没有意识到，当我们争吵、冷战，甚至相互指责时，这些持续的冲突可能导致我们中的一部分人在无意中成为"有毒的父母"。这些争吵和冷战，时间长了，就像是在孩子心里种下了不好的种子，这些种子可能会随着时间的推移慢慢长大，让孩子的人生过早"夭折"。这样的孩子在长大后可能会变得胆小、不爱说话，甚至害怕和别人打交道。不少心理学家都证实过，小时候的经历会如何影响人的一生。所以，夫妻关系好不好，直接关系到家庭能不能稳定，以及孩子能不能有个快乐的童年。

一旦夫妻之间出现裂痕，家庭就会失去平衡，各种矛盾和问题也会随之而来。这种不和谐的夫妻关系，就像是家庭中的"毒瘤"，侵蚀着家庭的每一个角落。

2）婆媳之争的本质

在家庭关系中，会让人头疼的还有婆媳关系。婆媳之间的小矛盾，看起来像是两个女人之间的小争执，其实很多问题的根源在于夫妻关系不够好。

婆媳之争，到底在争什么呢？说到底，是在争家庭中的主导权，也就是这个家到底听谁的。婆婆可能习惯性地认为家里的事得听她的，而媳妇，作为新加入的家庭成员，自然也希望自己的意见和建议能被重视。这时候，丈夫的角色就显得尤为重要，他需要明确自己的立场，和妻子站在一起。

婆媳关系处理不好，往往是因为丈夫让媳妇独自面对婆婆，而媳妇刚进家门，对家里的事还不熟悉。如果婆婆再强势一些，拉着公公一起对媳妇施压，丈夫又站在一旁不知所措，那媳妇就会感觉自己像是被孤立了一样。但如果媳妇能感受到老公是真心实意地站在自己这边，心里自然就有了底气。

比如，家里要做决定时，老公可以说："妈，这事咱们得和媳妇商量一下，她也是家里的一分子。"这样，婆婆也能感觉到媳妇的地位，知道不能忽视媳妇的意见。

如果夫妻与公婆同住，丈夫却不站在媳妇这边，媳妇很容易感到孤立无援，面对三个家庭成员，她很难不感到被边缘化。所以，我说，孝顺不是盲目的。当婆媳有矛盾时，如果丈夫不支持媳妇，难道要公公来支持吗？

说到底，在大家庭阵营里，夫妻俩应该是一家公司，公婆是另一家公司。大家要么一起合作，要么各自管好自己的事。老公的支持，是媳妇在婆家站稳脚跟的力量源泉，但很多人没意识到这一点。所以我说，夫妻关系就像是家里的定海神针，夫妻关系稳了，就像是给家庭这部戏定了个好剧本，剧本好了，其他的戏也就随之精彩了。

说到这里，你可能会想：老师，这些道理我都明白，可我跟我家那口子的关系现在确实有点儿平淡，甚至有点儿紧张，这可怎么办呢？别急，感情的事，有时候就像家里的老家具，用久了也得修修补补，擦擦亮。下面讲讲夫妻在关系倦怠时，可以重拾甜蜜的几个点。

不要老想着"孩子大了就好了"。父母之间的相处方式，对孩子的成长至关重要。我们如果爱孩子，就好好爱自己的另一半，这是对孩子来说最好的榜样。亲密的夫妻关系，能让孩子对亲密关系有更深的认可。我常和夫人开玩笑说："无论儿子多可爱，他总是要离开你的，所以你要好好珍惜我。"所以无论多忙，夫妻要维护彼此间的小确幸，哪怕是一起看个喜剧小品，或者下楼散步。

聊些"第三方话题"。多聊些不涉及孩子或夫妻关系的话题，比如时事、艺术、电视剧等。我就经常和夫人讨论一些与孩子无关的话题，比如最近看的书或电影，比如写书期间正在举办的巴黎奥运会，还有一些爆款短视频、新闻等，这些话题会让我和她做回自己，暂时放下爸妈的角色。

找回平衡。孩子的到来基本都会打破家庭的平衡，作为家庭关系的掌舵者，我们不能让这种失衡成为常态。就像做饭时，盐放多了，我们得适时调整，而不是任由整道菜变味。因为意识到生活重心会偏移，所以才更需要有意安排只属于两个人的时间，找到亲子关系与亲密关系之间的平衡点，哪怕是一起在家冲泡一杯咖啡。

关注彼此的自我照顾。照顾好自己，才有力气照顾好别人。忙碌的工作和育儿可能让很多人直呼"我想摆烂"。这时，在质疑对方为什么不好好经营亲密关系之前，先想想他是否连自己的时间都没有。我和夫人都比较注重个人空间和自我成长。在我实在很累的时候，我会开口跟她说："今天给我留两个小时，我自己在家安静一下。"而她往往会欣然应允。如果你是很忙的上班族，下班后没有时间做任何停留，那就在到家之后先简单跟家人打个招呼，给自己安排 5~10 分钟的独处时间。找个安静的房间做一下冥想，或者简单的"腹式呼吸"：只需静静坐好，然后闭起眼睛进行腹式吸气三秒，再屏息三秒，然后呼气三秒，反复三次。这是我每天都会做的练习。

保持夫妻枕边的交流。孩子到了一定年龄，比如 4 岁，就可以考虑让他独自睡，给夫妻的交流腾出时间和空间。我在过往的咨询中发现，很多夫妻出现关系疏离甚至背叛，就是从分床睡开始的，久而久之，哪怕回到了一张床上，中间也像隔着太平洋，最后从分床到分屋、到分家。

投资夫妻独处时间。夫妻独处非常重要。有时我们会请家人帮忙照看孩子，享受一个只属于我们两个人的周末。这个时候要注意，不要觉得只有特别的外出活动才算夫妻活动。如果伴侣很忙，建议在有限的时间里选择一些简单、轻松的活动，比如一起做饭，或者到郊区散散心。

提前预告二人计划。有时候你发出邀约，对方可能会以身心疲惫这种理由来拒绝，但别忘了提醒他下次陪你。比如，他一回家，就问问他累不累，如果累了，就告诉他："辛苦了宝贝，今天先好好休息，改天状态好的时候，我们再一起出门。"这样既关心了他的感受，又为二人世界预置了计划。

2. 我与你：两个灵魂真正相遇的秘密

结了婚之后，我们谁都想好好过日子，但有时候，却不知不觉地走偏了道路。当我们发现自己与伴侣之间的距离越来越远，最初的那份亲密和无间似乎正在慢慢消逝时,不禁要问:问题出在哪里?我们又该如何找回正确的道路?今天,就让我们一起探讨一下,究竟怎样的道路才是我们应该追寻的。

犹太哲学家马丁·布伯,在他的经典之作《我与你》中,为我们揭示了人与人之间关系的深刻奥秘。这本书的影响力之大,连著名的心理学家武志红老师都曾坦言:"我读的所有书里,对我影响最大的是《我与你》。迄今为止,我还没读过哪本书,对关系的论述能达到像《我与你》一样的深度。"

布伯大师告诉我们,人与世界的关系可以划分为两种基本形态:一种是"我与它",我们以物化的眼光看待周遭,将人、事、物当作达成目的的手段;另一种则是"我与你",这是一种更为本质的相遇,我们视对方为一个独立的存在,与他们建立起真诚且深刻的联系。

1)什么是"我与它"

"我与它",指的是带着明确目的与人交往,而且在这种关系中,我们没有把对方看作和自己一样的人,而是将其视为可利用的工具,物化的关系便是如此。这时候,我们不禁要问:一旦这种物化真正作用在婚姻里,会是什么模样呢?

让我们来想想,假如现在你有了一个伴侣,你觉得对方对你有用吗?你是因为爱,还是因为这种"有用"才跟对方在一起的呢?这个问题,可能会让很多人尴尬,甚至羞愧,毕竟它玷污了爱的美名,让一切都变得不再纯粹。

一旦你开始思考这个问题,更为可怕的问题会随之而来,你会想:那我对他来说有用吗?他是因为爱我,还是因为我"有用"才跟我在一起的呢?

曾经有一个来访者跟我说："我跟对方在一起，只是为了解解乏。他很有趣，能给我讲笑话，爱不爱我不知道，但那一刻至少我是开心的。"这句话背后的潜台词是什么呢？如果对方有一天变得无趣了，剩下的可能就是"用完就扔"的绝情。怎么样，有没有一种"细思极恐"的感觉？

经济学家薛兆丰说：结婚就是两个人办企业，签合同，办的是家庭企业，签的是终身批发的期货合同。每个人都要提供相应的资源和价值，身体价值、美貌价值、情绪价值、经济能力、家庭关系，以及未来的潜力。每个人给出的资源不一样，发挥作用的时间和节奏也不一样。一场完全适配的婚姻，本质上是一场价值交换。于是，每个人都在心里犯嘀咕——选择结婚，我真的有赚到吗？

这种将对方物化的决策方式，是把伴侣选择当作一种经济选择，在获得完备信息的情况下，把收益、风险，以及各种好处、坏处加加减减后进行比较，得出自己的最终选择。

可是，这种决策方式，真的行得通吗？面对它，我至少有三点困惑：

·第一，试问有哪个人可以收集到完备的信息，对伴侣的现在以及将来的种种表现进行评估呢？毕竟我们都是在掌握不完备信息的情况下做决策的。这也是为什么有人说，爱情是一场冒险，而婚姻是一场赌博。

·第二，假定我们掌握了完备的信息，那么，在这样的评估选择当中，你又发挥了什么作用呢？对伴侣进行选择，无非是对信息进行比对和加工，这样的选择不需要你做什么，任何一个算术不太差、能对风险和利益做估算的人，都能替你做出选择。

·第三，当爱情变得绝对理性时，它还值得追求吗？这种决策方式，让人看到了理智的强大，但也让人看到了真实情感的退场。毕竟，我们算不出来你为对方精心准备的生日惊喜值多少钱，也算不出来你生病时对方的日夜守候值多少钱。人没有面包过不下去，但仅仅靠面包过活，便失去了生而为人的意义。

一旦被物化，也就意味着一切都可以被衡量。比如物质的丰富程度、彼此的颜值高低、彼此的家世背景。一个有钱的伴侣，可能会成为"移动的 ATM"；一个外貌过人的伴侣，可能会成为"为自己长脸的装饰品"；甚至，在物化的状态下，彼此的陪伴都成为了一种工具性的满足。

如果有得选，我们当然希望对方首先要爱我这个人，再去考虑其他的。然而，当彼此进入了"相互物化"的状态，这样的爱或许就真的不存在了。我们开始计较得失，开始盘算自己的盈亏、审视自己的对象值不值得自己付出，为对方所做的一切划不划算，如果划算，就继续，如果不划算，那就趁早收场。

数据是不会骗人的，根据权威数据——2023 年的《中国婚姻家庭报告》显示，中国的结婚率自 2013 年达到顶峰后逐年下降，2022 年结婚率下降到了 4.8‰，初婚人数也呈现下降趋势，2013 年达到 2386 万人的峰值后持续下降，到 2021 年下降到了 1158 万人，比 2013 年下降了 51.5%。至于初婚年龄，从 1990 年的男性平均初婚年龄 23.59 岁和女性 22.15 岁，上升到了 2020 年的男性 29.38 岁和女性 27.95 岁。

特别地，一些地区的平均初婚年龄已经突破了 30 岁。例如，安徽省 2021 年的初婚平均年龄分别为男性 31.89 岁和女性 30.73 岁。此外，黑龙江省在统计的 17 个省份中平均初婚年龄最高，超过了 31 岁。这些数据反映出中国社会中结婚年龄推迟的现象越来越普遍。显然，面对组建家庭、生儿育女这种原本最普遍的人生选择时，我们已经不再像过去那般想当然，反而变得越来越没有底。

说到这里，我忽然想起张爱玲的一段话——于千万人之中遇见你所要遇见的人，于千万年之中，时间的无涯的荒野里，没有早一步，也没有晚一步，刚巧赶上了，那也没有别的话可说，唯有轻轻地问一声：噢，你也在这里吗？

然而，在物化的爱里，我们不仅很难想象这样的画面，相反，只会看到两种结果。

· 认为对方不够好，于是不会付出真心去爱，因为不划算，所以仅仅维持着粗浅的关系。与其说是爱情，不如说是"搞了个对象"。

· 认为自己不够好，所以坚定地认为别人并不会真心爱上自己，哪怕已进入关系，也患得患失。

亲密关系里的我们，都有两个矛盾的自己。我们既渴望夜晚有人相互依偎，又不想被感情和家庭捆绑束缚；既追求爱情，又追求自由；既期盼拥有港湾，又害怕长年累月的琐碎让自己不堪重负；既希望自己与伴侣白头偕老，又害怕感情里必然出现的矛盾冲突，让自己陷入愤怒、失望、委屈、无助、绝望、恐惧的深渊。

在这样的关系当中表现出来的，实则是对真实爱情的恐惧与无奈。当我们交出一颗真心去爱的时候，就像交出了玉帝赐的琉璃盏，希望被对方捧在手里。但我们也实在害怕，对方一不留神，撒手一放，琉璃盏成了玻璃碴。

这种害怕会成真吗？可能会，可能不会。只有真正面对爱情，走入关系，我们才能得到答案。毕竟，在爱的象牙塔里，我们永远不需要去考虑这些问题，更不需要为了克服这些问题，去锻造出宽容、接纳、勇敢等品质。

物化的爱情，看似给了我们一种抓得住的安全感，但那只是一种错觉，它并不能真正触及我们心灵深处的需求。要想真正摆脱这种不安，咱们得让关系升级，得往更深层次走。这就说到"我与你"这种关系了。这不是简单的你来我往，而是心与心的交流，是灵魂与灵魂的碰撞。

2）什么是"我与你"

"我与你"，是指不带功利性目的、用本真的自我和他人交往的社会关系。**在"我与你"关系形态中，我们会和对方的灵魂相遇，彼此产生心心相印的感觉，这种感觉让我们感到由衷的踏实**。因此，"我与你"关系也被称作相遇哲学。

在文学经典《红楼梦》中，贾宝玉与林黛玉的初次相见，宝玉的那句"这个妹妹我曾见过的"，体现了一种超越物质表象的深刻认识。贾母认为这是胡说八道，而宝玉则表达出"然我看着面善，心里就算是旧相识"，这体现了"我与你"关系中的直觉和灵魂的共鸣。**这种相遇，不是简单的肉眼所见，而是灵魂的相遇，是心理学中说的"看见，就是爱"的体现，这种"看见"超越了物质层面，触及了灵魂的深处。**

同样，在金庸的《射雕英雄传》中，黄蓉与郭靖的相遇，也展现了"我与你"关系中的纯粹和真诚。郭靖对黄蓉的真诚对待，不受她外表的影响，哪怕当时黄蓉是叫花子的装扮，郭靖也用最真诚的情意去对待她。这种真诚的情感体现了"我与你"关系的核心——真诚和无条件地接纳。黄蓉的话语"我知道你是真心对我好，不管我是男的还是女的，是好看还是丑八怪"，进一步展现了这种关系的非功利性。

这种"我与你"的纯粹关系，与"我与它"的功利性关系形成鲜明对比。**在"我与你"关系中，个体看重的是对方给予的安全感**

和内在价值，而非外在的身份或物质条件。黄蓉对郭靖的看重，不是基于他蒙古驸马的身份，而是他给她的安全感和内心的真诚。

在这样的关系里，我们可以看到，只有建立"我与你"关系，即建立完整的"人与人"之间的关系，才会出现尊重、欣赏、好奇、友善等有人情味的真情互动。这种关系让我们体会到亲密关系的真谛，它不仅仅是一种情感的交流，更是一种灵魂的共鸣和生命的连接。在这种关系中，我们能够体验到人性的温暖和深度，这是任何功利性关系都无法提供的。因此，"我与你"关系不仅是可能存在的，而且是值得我们追求和培养的，它能够丰富我们的人生体验，提升我们的人际关系质量。

在过往的咨询中，我看到在婚姻这条长河里，不少夫妻慢慢忘了初心，把对方当成了生活中的一件"家具"，习惯了彼此的存在，却忘了去感受对方的温度。他们的日子过着过着，就从热恋时的你侬我侬，变成了左手摸右手的平淡无奇。家里头，他们各自忙活，偶尔搭个话，却少了那份走心的交流。有时候，看着对方，甚至想不起上一次好好聊天是什么时候了。

所谓"我与你"，就是将对方视为一个有情感、有思想的个体，而不是生活中的一个物品或工具。你需要意识到，眼前的这个人，他有自己的喜怒哀乐，有自己的小小梦想，也有自己的小小烦恼。

想象一下，你们俩坐在餐桌前，不是各自刷着手机，而是分享着一天中的趣事、抱怨，甚至沉默时的那份默契。这，就是"我与你"的日常。

再比如，你的妻子今天加班回来晚了，你不应仅仅问一句"吃饭了没"，而应问问她"今天工作累不累""有没有什么不顺心的事情"。或者，你的丈夫下班回来，一脸疲惫，你别只顾着抱怨家务多，给他泡杯茶，听听他工作上的不顺心事。

真正的爱，不是情人节送花、送巧克力那么简单，而是在平凡的生活中，去关心对方，去理解对方，去支持对方，是在对方需要的时候，伸出你的手，说一句"我在呢"。

总之，婚姻不是一场交易，不是条件匹配就能幸福美满。婚姻需要的是两个人的情感基础，需要相互理解、尊重和支持。如果只看重外在条件，忽视了这些，那么婚姻就可能变成一个空壳，没有温度，没有灵魂。

在婚姻里，我们需要有点儿"我与你"的精神。别让生活把你们的感情磨灭，别让对方在你眼里变得越来越模糊，用心去爱，去感受，去珍惜眼前这个和你一起走过风风雨雨的人。

3. 对话解码：夫妻之间如何有效沟通

在这个世界上，没有哪对夫妻是天生就完全合拍的。我们都有自己的性格、习惯和想法，这些差异在婚姻中不可避免地会带来摩擦和误解。咱们要的，不是在嘴皮子上占上风，而是让彼此的心更近一点儿。

在婚姻里，沟通就跟炒菜一样，火候得掌握好。一不小心，火大了，菜糊了；话多了，心伤了。作为咨询师，我见过太多因为沟通不畅而闹得不可开交的夫妻。他们有的是因为工作忙，有的是因为性格直，但归根结底，都是因为没找到合适的沟通方式。

在这些年的家庭咨询工作中，我发现夫妻间的沟通，有时候就像在雷区里跳舞。下面，我就来给大家讲讲常见的 5 个沟通雷区。

（1）使用"你"语言。频繁使用"你总是""你从不"等语言，这种沟通方式最容易让人火冒三丈，结果往往是两败俱伤。有时候情绪一上来，话就收不住了，说出的话比刀子还锋利，伤了对方也伤了自己。

（2）逃避问题。一遇到问题就"躲猫猫"，问题摆在那里不解决，时间长了，小问题也会变成大问题。这种沟通方式就像是冬天里的寒风，刺骨寒冷，让人心寒，时间长了，感情也会被冻僵。

（3）过度解读。有时候太爱"脑补"，对方随便一句话，就能想出十八个弯来，结果往往是自己给自己添堵。

（4）不倾听。对方在说话的时候，不是在玩手机，就是在想晚饭吃什么，或者干脆直接打断和否定，根本没把对方的话放在心上。这样谁还愿意开口呢？

（5）双重标准。对自己松，对对方严，这种"只许州官放火，不许百姓点灯"的态度，最容易让人感到不公平。比如，有些伴侣要求对方承担更多的家务，而自己却极少参与。

沟通不是攻击，而是拥抱。这些沟通的雷区，就像是咱们生活中的小石头，不处理好，迟早会被绊倒。那么，我们该如何在沟通中赢得伴侣，而不是赢了伴侣呢？下面介绍几个在夫妻沟通当中可以掌握的关键点。

1）学会好好倾听

夫妻间的沟通，不是比谁嗓门大，而是比谁更懂得倾听。倾听，不光是用耳朵听，更得用心感受。咱们得把耳朵打开、嘴巴闭上，别急着插嘴，别急着辩解，给对方一个把心里话倒出来的机会。

你要是不知道对方心里想啥，那怎么能满足人家？你要是连对方想要啥都不知道，那怎么去给予？你要是连给予都不会，人家怎么可能跟你一条心？在婚姻这场大戏里，咱们都是主角，但别忘了，最好的主角也得是最好的听众。在爱的词典里，"倾听"这个词儿，比"说"字响亮多了，因为它传递的是尊重和理解。

关于夫妻之间的日常倾听、对话，有几个技巧可以分享给你。

（1）全神贯注： 当你的伴侣跟你分享一天的趣事或烦恼时，放下手头的事情，认真听。比如，他说今天工作上遇到了挑战，你就专心听他讲述，不要只是心不在焉地应和。

（2）确认感受： 在伴侣表达情绪时，用"听起来你今天真的很累"或"那听上去确实让人沮丧"来确认你理解了他的感受，这样他会感到被关心和支持。

（3）避免即刻反驳： 如果伴侣提出的观点和你不同，不要急着反驳。比如，对方提出想重新装修家里的房屋，即使你不同意，也要先听他说完理由，然后平和地表达你的想法。

（4）表达共鸣： 当伴侣遇到困难或感到不快时，用"我能理解你的感受"来表达你的共鸣，让他感到不孤单。

（5）共同探讨解决方案： 在讨论问题时，用"我们一起想想怎么解决这个问题"或"你觉得我们可以怎样改善这个状况"来推进双方共同参与、寻找解决方案。

2）心口如一地表达

我一直觉得，夫妻关系里最累人的就是猜来猜去和等来等去。男人整天猜女人的心思，女人整天等男人的行动……这都是被那些所谓的"爱情鸡汤"给误导了，说什么"爱你的人自然懂你"，如果你知道"懂"一个人有多难，我想，你就会知道要求对方"懂"

你有多荒唐。

我曾经遇到一个来访者，学历很高，她老公是个不错的人。老公比她大挺多，两人的关系一开始好得很。为啥呢？因为一开始谈恋爱那会儿，老公啥都替她想在前头，她说自己像公主一样，嘴都不用张，老公就能把她的需求猜个八九不离十，连她家里人都被照顾得好好的，还天天接送她上下班。

后来她怀孕了，时间一长，老公没有办法照顾得那么周到了，两人开始有摩擦。偏偏在孕期里，她更是觉得自己应该像个公主，要这个男的来伺候她。可男人为了赚奶粉钱，每天忙得团团转，哪能时时刻刻围着她转呢？她就觉得老公不如从前了，这也没做好，那也没到位，心里就开始打鼓，觉得是不是他不爱自己了，于是找我咨询，问是否需要离婚。

我在电话里就跟她说，这就是典型的"没有公主的命，偏有公主的病"。啥意思呢？就是说，你不是公主，就别指望别人把你当公主宠。啥都等别人来问、来猜，多累啊！你累，别人也累。

我们要做的，就是学会心口如一地表达——把自己的感受和需求，大大方方、清清楚楚地表达出来。要是你觉得自己在这方面有点儿犯难，不知道怎么开口，下面有几个示范，你可以试试看。

（1）对信任的需求：我需要你让我感觉到安心，无论是在顺境中还是在逆境中。我得确信，天塌下来你也不会跑，咱们是一条船上的，我需要你一直在我身边。

（2）对重视的需求：我需要感到自己对你来说是独一无二的，不是随便哪个人能替代的，并且你愿意为我们的关系投入时间和精力，让它保持活力。

（3）对陪伴的需求：我希望在我遇到困难或需要帮助的时候，

你能够守在我身边，让我感到不孤单，我遇到坎儿了，你得是那个扶我一把的人，不能让我一个人硬撑。

（4）对沟通的需求： 我期望我们之间能够有开放和诚实的沟通，你可以耐心听我说话，给我表达的机会，而不是一味地批评或忽视，彼此都不能藏着掖着，更不能憋出内伤。

（5）对成长的需求： 我需要我们一起成长，面对问题时能够共同学习，相互支持，咱们得像两棵树，一起往高了长、往壮了长，而不是相互指责、抱怨。

与此同时，对伴侣提要求的时候，得把那些抽象的虚泛词换成具体的行动描述。什么叫虚泛词？就是那些听起来很美好，但实际上意思很模糊的词，比如"尊重""呵护""体谅"之类的。咱们每个人的成长背景都不一样，连我们自己都未必真正懂自己，哪能指望别人能懂你的一切呢？所以你得告诉伴侣，具体怎么做你才会感到开心。

比如，你别跟另一半说"你要尊重我"，这话太虚了。你得说："亲爱的，上回你对我发火，我心里挺难受的。咱们能不能约定，以后就算有矛盾，也好好说话，别大声嚷嚷？"这样，另一半才知道怎么改。

总之，跟另一半说话，就得实在，尤其是提要求的时候，越具体越好。沟通不是猜谜游戏，别让"爱"成为空中楼阁，要让"爱"脚踏实地，变成一句句温暖人心的话。这样，另一半才能听明白，才能做得到位。这才是真正有效的沟通方式。

3）避免推己及人

在夫妻生活中，我们常常会听到这样的话："你应该知道我想什么啊！"或者："这事儿不是明摆着的吗？"这些话背后其实隐藏着一种思维：我怎么想，你就应该怎么想；我习惯怎么干，你也应该习惯。但现实是，每个人都有自己的小宇宙，你的想法、习惯和性格，并不一定和对方一样。

比如，你是个直性子，说话不喜欢绕弯子，觉得这样才痛快。但你的另一半可能是个心思细腻的人，喜欢慢慢聊天，享受交流的过程。如果你总是想："我这么直接，你怎么就接受不了？"这就是"推己及人"。时间长了，对方可能会觉得你不够体贴他、不够理解他。

要解决这个问题，首先得认识到，你们是两个独立的个体，有着不同的性格和习惯。你得学会跳出自己的思维模式，去理解对方的想法和需求。**这就好比你喜欢吃辣椒，但你得知道，不是所有人都喜欢，甚至有人吃辣椒会过敏。**

具体来说，你可以这么做：

（1）**多问**。不知道对方怎么想的时候，就直接问，比如："你对这个有什么看法？"或者："你希望我怎么做？"

（2）**多听**。当对方在说话的时候，耐心听，别急着打断，听完了再发表自己的意见。

（3）**少想当然**。别总觉得对方会和你有一样的反应，每个人的感受都是独特的，不要把自己的感受强加给对方。

（4）**多体谅**。了解到对方和你不同的时候，多些体谅。比如，对方不喜欢熬夜，你就尽量配合，早点儿休息。

婚姻是一场漫长而且充满未知的旅行。我与我的夫人已经携手走过了十几个春秋，这些年来，我们一起经历了很多高峰与低谷，分享了无数的欢笑与泪水。

现在，当我回望过去，我可以自豪地说："我们不仅走过了时间的长河，更在沟通的桥梁上一步步走向了更加成熟和明事理的彼此。"

美好的婚姻，从来都不是找到完美的人，而是学会以完美的眼光看待一个不完美的人，然后，彼此高攀，共享生活。希望大家都能学会在婚姻中用心沟通，让爱的味道越来越浓。

4. 片面关注：让你痛苦的未必是真的

你知道吗？在这些年的咨询案例中，我发现很多来访者都有一种"本领"，就是无论怎样，都要让自己痛苦，就算有好日子可过，也要放在那儿不过，非要整出一点儿幺蛾子才甘心。这就像故意选择一双不合脚的鞋子，并"享受"它们带来的痛苦。这听起来有点儿奇怪，不是吗？世界上有谁会主动选择在关系里感受痛苦，而不是去享受幸福呢？但有趣的是，有些人就是如此。

在本节及下一节中，我们将深入探讨人们在夫妻关系里感受到痛苦的主要原因："片面关注"和"扩大化"。随着这部分内容的逐步展开，你可以思考，自己过去是否也在不知不觉中扭曲了现实，并给自己罩上了痛苦的牢笼。下面先来谈谈第一个原因——**片面关注**。

片面关注，就是只看到你想看到的。

我们常说，这个世界没有真相，只有看问题的不同角度。对于感情也是这样的，片面关注就是指在不同的角度里选择了一种，类似的说法还有"贴标签""扣屎盆子""下定论"，等等。用一句网络流行语来说，就是"我不要你觉得，我要我觉得"。在这个时候固执己见，往往会造成不可挽救的后果。

曾经有一个来访者跟我抱怨："对我来说，有老公跟没老公是一样的。他从来没有时间陪我，我怀孕期间去体检，他连一次都没有陪过我。你说这算什么老公呢？"乍一看，这个男的也太过分了，还留着干吗？这是过年的猪——早晚得杀呀。但问题在于，如果他真的每件事都这么过分，为什么还要跟他在一起呢？答案是，他也没有那么不好。

其实我们心里清楚，这个男的有时没有陪，有时也会陪，有时照顾得不到位，有时又照顾得很到位，有时想疼死你，有时又想气死你。但是，很多人关注到的就是对方做得不到位的地方，而对方做得到位的地方自己又选择视而不见。

为什么有的人会有这种片面关注情况，而有的人不会呢？这就说明，在你的潜意识当中对某个部分更感兴趣。情绪越激动，说明越感兴趣；情绪越平淡，说明越不感兴趣。所以，当你只是对伴侣的"不好"起反应的时候，最后你在关系中还剩下什么呢？只能剩下"我不被爱"的感受，这就是你脑海里的潜意识引导你走上"痛苦"道路的第一步。

当你有了这样的潜意识，你的伴侣哪怕表现得不糟糕，在你心里也会变得糟糕，你的潜意识会把不符合设定"标准"的信息筛掉，只保留符合"标准"的信息。这样一来，你看事情的时候，就会戴上有色眼镜，也就是你只会看到"对方不爱我"的一面，并且你以为自己看到的是真实的，但实际上你看到的只是被筛选过的版本。最后，哪怕对方不是一无是处，你也觉得对方一无是处。你的伴侣也就以这种"片面""绝对"的状态呈现在你面前了。所以，荣格说：**你未觉察到的潜意识正在操控你的人生，你却将其称为命运。**

对于这种情况该怎么避免呢？这里介绍两种做法。

1）客观审视——既有"糟糕透了"，也有"精彩极了"

有意思的是，每次当我讲到这句话的时候，就会有人说："他啥都不是，烂船还有三千钉呢，但他真的一无是处！"实际情况真的是这样吗？看起来好像没错，但仔细一琢磨，又发现哪里不对劲。如果对方真的一无是处，那你为什么还不和他分开？为什么还要在一起？在一起，说明还有情没有斩断。情是什么？是留恋。为什么还留恋，不就是因为还有期待吗？那请问，这份期待又是从哪里来的呢？如果一个人从头到尾什么都不是，没有满足过你的任何需求，你又有什么理由去期待？

那么，什么是客观审视呢？我用下面这个例子跟你说明一下。

曾经有一个来访者跟我说："我想给孩子报一个钢琴班，但是我老公说如果报了，以后就别指望他帮忙接送。"妻子在听到丈夫坚决反对给孩子报钢琴班后，心里涌上一股怒火，她觉得老公就是不重视孩子的教育。但是实际上，除了感受到老公的反对，还有哪些原因呢？我觉得至少有以下几种。

·**教育理念差异：**老公可能认为孩子应该有更多的自由时间，而不是被各种兴趣班所束缚。他可能认为孩子应该享受童年，而不是过早地承受学习压力。

·**经济考量：**老公可能担心报钢琴班的费用，觉得这是一笔不小的开支。他可能不太愿意为此花钱，又不好明说。

·**时间分配问题：**老公可能担心报班后需要花额外的时间来接送孩子，这会影响到他的工作或个人时间。他可能在寻求一种平衡家庭和个人时间的方法。

·**价值观冲突：**老公可能认为学习钢琴并不是孩子成长中最重要的事情，他可能认为有其他更重要的教育方向，比如体育。

·**对教育成果的怀疑：**老公可能对钢琴班的教育质量和成果持怀疑态度，担心投入的时间和金钱并不能带来预期的回报。

·**家庭内部权力斗争：**这可能是夫妻之间权力斗争的一种表现。老公可能试图通过反对来显示自己的意见同样重要，或者试图保持对家庭决策的控制。

通过对这些可能性的探讨，我们可以看到，夫妻之间的争执并不总是表面上看起来那么简单，背后可能隐藏着更深层次的原因和情感。理解这些背后的原因，你就会意识到有时候事实真的不是自己想象的那样。对于此案例，妻子在我的引导下，开始反思丈夫反对背后的可能原因。

妻子问老公："你为什么那么坚决地反对孩子上钢琴课？是不是觉得这不重要？"

老公沉默了一会儿，然后说："肯定不是啊，我也很支持孩子学东西，只是我最近工作上遇到了一些困难，学钢琴的费用也不是小数目。"

妻子想了想，意识到自己可能太片面了，于是说："我之前误解了你的意思。我没有想到你的工作压力，我以为你不关心孩子的未来。"

老公听后，感到妻子的理解和支持，说："我知道你很关心孩子，我也是。我们看看怎样在不增加太多负担的情况下，支持孩子的教育。"

妻子点点头，说："当然可以。以后有话要说出来，我们可以一起想办法。"

在误解与理解之间，往往只隔着一次深入的对话。通过这样的对话，妻子没有坚持自己最初的误解，而是选择了理解和沟通。夫妻两人共同面对问题，找到了一个既能实现培养孩子的兴趣，又不会给家庭带来过多经济压力的解决方案。

这场原本可能导致家庭矛盾的争执，转变成了夫妻之间更加深入地沟通和相互支持的机会，也让他们认识到了在关系中避免做出片面判断的重要性。

2）学会向对方确认

除了客观审视，另一个方法是"确认"。比如，你的那个他经常很晚回家，你心里可能会认定他不重视这个家、不爱你了。那么，在进行确认之前，你要先承认"他不爱我了"只是自己的主观看法，而不是铁定的真相。

这样一来，你就不会因为自己给自己扣上去的"他不爱我了"这个帽子而捶胸顿足，而是可以坦然地用不带攻击性的语气向他确认："你最近很晚回家，我还蛮担心的，是有什么心事吗？如果可以，我愿意听你说出来。"

你要明白，自己所看到、所以为的未必就是事实。对于一个人的行为，在没有进行确认之前，都要保持中立态度。有了这个认识，你才能够带着平和的态度去确认。不管你觉得自己有多确定，那只是你的猜测。当你认为自己的想法就是真相时，你也不会再想着去确认什么。

就好比你认为他就是不重视你、不关心你，其实这只是你的猜测，不一定准确，但很多人不愿意从别的角度去看待，于是造就了无数冲动分开的伴侣。同样，如果你一味认为他肯定是在爱你、在关心你，这也是一种猜测，很多一恋爱就上头的人，不就是这样深陷其中的吗？

因此，**最直接、有用的做法就是确认**。确认，就是去问他：

"我可以知道你刚才说的话是什么意思吗？"

"我有一种被贬低、被忽视的感觉，这是你刚刚想表达的意思吗？"

这样的确认，为自己打开了一扇理解对方的窗口，也有助于我们跳出固有的思维模式，避免误解和固执己见，从而在相互理解和接纳中建立更深层次的情感连接。要知道，真正的沟通不是单方面的表达或固执己见，而是一个双向、充满同理心的交流过程。通过学会确认和倾听，我们能够更好地欣赏伴侣的独特性，共同创造一个充满爱、尊重和成长的伙伴关系。**毕竟，在关系中，最动听的不是"我懂你"，而是"我愿意懂你"**。

在本节中，我们一起探索了潜意识如何影响夫妻关系，揭开了"片面关注"这一面纱，发现了它如何悄悄地扭曲了我们对伴侣的看法，让我们在不自觉中选择了痛苦。**请记住，我们拥有选择的权利，我们可以选择摘下这副有色眼镜，用更加全面和客观的视角去看待我们的伴侣**。

当我们开始客观审视，学会向对方确认，便打开了一扇通往更深层次理解和沟通的大门。我们不再只是被动地接受潜意识的安排，而是主动地塑造我们的关系和命运。我们开始意识到，每一次确认和沟通，都是成长和深化关系的机会。

在下一节中，我们将探讨另一个导致痛苦的根源——扩大化。那将是更加深入的探索，能帮助我们理解如何避免将小问题放大成无法逾越的障碍。

5. 避免扩大："过不下去"只是一时迷雾

很多夫妻常常因为一点儿小事就闹得不可开交，就像是一粒沙子在眼里，越揉越觉得难受。很多人总是喜欢把问题扩大化，本来只是一个小插曲，却被想象成一场大戏。就像林黛玉在园中看到落花随水漂流，便联想到自己的命运，感到深深的哀伤。她认为落花无人怜惜，正如自己孤苦无依，于是便有了葬花的举动。她不仅为落花哀悼，还吟诵了《葬花吟》，将自己的感情完全投射到了这些无生命的花瓣上。这种扩大化的情感体验，虽然使她的形象更加深刻、动人，但也给她的生活带来许多痛苦。

1）痛苦的根源

在夫妻关系中，这种痛苦主要表现为以下三个方面。

（1）沟通的障碍

在与来访者的交流中，我经常发现，扩大化思维常常在不知不觉中成为他们与人沟通的障碍。比如，有一位妻子告诉我，有一次她只是随口向丈夫提了一句："我们这个月的开销好像有点儿大。"她本意只是想要和丈夫一起审视一下家庭预算，但丈夫却立刻感到自己被指责为乱花钱，甚至觉得自己在家庭中的贡献被否定了。这种情绪的迅速升级，导致他立刻反驳，妻子也感到非常惊讶和伤心，因为她并没有指责的意思。

扩大化思维在沟通中的影响是显而易见的。它让夫妻间的对话充满了误解和指责，使双方难以平静地表达自己的需求和感受。如果不加以解决，这种沟通障碍会逐渐累积，成为夫妻关系中的隐痛，让双方渐行渐远。

（2）情绪的放大

情绪波动在夫妻关系中是常见的，而扩大化思维往往让这些波动变得剧烈。有些来访者向我倾诉，他们因为伴侣的一些小行为而受到深深的伤害。这些行为在正常情况下可能根本不会激起任何波澜。

有一次，一位妻子跟我说，她精心准备了一桌美食，结果却演变成了一场闹剧。原因是丈夫尝了一口菜，随意地说了一句："这菜炒得好像有点儿咸。"在没有扩大化思维的情况下，这可能只是一个小提示，妻子会笑着回应"下次会注意"。但这位妻子的内心却像被点燃的火药桶。她的内心戏迅速上演："他是不是觉得我做的饭总是不合口味？""他是不是在暗示我不够贤惠？"这些念头如同潮水一般涌来，让她感到被误解和不被珍视。情绪的火焰迅速燃烧，她突然爆发，大声骂她老公："你总是这么挑剔！我辛辛苦苦做饭，你就知道找毛病！"随后在丈夫毫无准备的情况下，愤怒地将锅和铲子摔在餐桌上。

这些情绪的放大，不仅影响夫妻双方的情绪健康，也让他们在面对问题时变得更加封闭、有顾虑。

（3）信任的侵蚀与崩塌

在我的来访者中，有一对夫妻的故事非常典型。丈夫因为工作调动，需要频繁出差。起初，这只是一个简单的事实，妻子对此表示理解和支持。但随着时间的流逝，妻子的心中慢慢滋生了不安的种子。

一次，丈夫出差归来，比预期晚了几小时。这本是行程中的常见变动，但在妻子的心中却掀起了波澜。她的思绪开始漫无边际地扩散："他为什么晚回来？是不是在路上发生了什么事？""他是不是在隐瞒什么？"这些疑问如同病毒般迅速繁殖，她甚至开始想象丈夫在外地有不忠的行为。

当晚，丈夫回到家，迎接他的不是温暖的拥抱，而是妻子咄咄逼人的质疑。一场激烈的争吵随之爆发，妻子的怀疑如同利剑，直指丈夫的忠诚。丈夫感到被误解和冤枉，他的辩解在妻子耳中却成了掩饰。

这场争吵不是第一次，也绝不是最后一次。每次丈夫出差，妻子的内心戏就会上演一次，而每次争吵，都让信任的裂缝更深一层。终于有一天，当丈夫再次晚归，妻子的怀疑突破了极限，她爆发了，大声宣布："我再也受不了这种充满怀疑的日子了，我们完了！"

丈夫震惊于妻子的决绝，他们之间的信任已经崩塌，无法修复。他们的关系，因为扩大化思维的侵蚀，从最初的坚固变得支离破碎。

在夫妻关系的微妙平衡中，思维的扩大化并非一蹴而就，而是一个渐进的过程，它悄无声息地在日常生活中扎根，逐渐生长，最终可能导致关系产生裂痕。下面，再举两个具体的例子，看看在婚姻里"扩大化"是怎么一步一步演变的。

有一个学员，曾经在一次线下课程中分享了她的经历："我带孩子的时候，老公总是叽叽歪歪，说这样不好、那样不好，好像我带孩子一点儿都不行似的。"她感到非常难过，因为她觉得老公似乎认为她一无是处。

让我们深入分析一下，真的是每一次她带孩子的情况都如此吗？老公每次都会这样吗？还是偶尔抱怨、偶尔支持和赞赏？在妻子带孩子的过程中，老公真的没有说过"妈妈好棒哦"之类的话吗？可能在某些时刻，他也表达过肯定和赞赏。

当时我就问她："如果你认为，在带娃这件事上，老公真的从未夸过你。那么，即使这样，是否就意味着他对你整个人都不认可呢？你是否就真的一无是处了呢？换个角度想，你的价值难道只体现在带孩子上吗？你在工作中的表现、与朋友的交往，以及你的兴趣爱好，老公对这些方面又有怎样的看法呢？"

不要因为一片叶子遮住了眼睛，就以为整个森林都是黑暗的。能体现一个女人的价值的远不止带孩子这一件事，即使在某个领域遭遇了批评，也不应该全盘否定自己的其他方面。我说，你的老公可能只是在某个特定情境下表达了不满，这并不代表他对你整个人的否定。

现在，我们再来看这两句话的区别：

· 老公不认可我这次带孩子的方式。

· 老公不认可我。

第一句话，就像是你看到了一朵花，虽然上面有一条虫，但你依然能看到花的美丽。第二句话，就像是你拿着放大镜只盯着那条虫看，你的眼里就只有那条虫，再也看不见花了。这条虫代表老公对你带孩子方式的不满，而花朵代表你整个人。你不能根据一个细节就下结论，觉得"我老公看不到我这朵花，他只看到了那条虫。"

所以，不要让潜意识中的扩大化蒙蔽了你的双眼，把一个小小的不满变成对整个人的否定。学会从更广阔的视角看待问题，你会发现，事情远没有你想象的那么糟糕。

更何况，人的表达有时候会直接加上不切实际的词语，比如"你一点儿都不……""你从来都……""你永远都……""你总是……""你根本就……""你一天到晚……"。

这时候，在我们的潜意识中，就更加强烈地体验到自己的全部被一直否定了。是不是感觉糟糕的感受一下子被放大了100倍？你有没有发现，这里问题的关键在于，这种糟糕的感受并不是老公传递给你的，是被自己放大出来的，而且不只是放大，而是选择性地放大。你应该知道多米诺骨牌吧？第一片倒下之后，后面的也就哗啦哗啦地跟着倒。老公很多次认可过你，只是这件事情上不认可你，你就被自己一棍子打死了，而且人家不认可的可能只是你的某个行为，而你却把这个行为扩大到了自己的全部。

在这种情况下，沟通和理解显得尤为重要。上面这两位妻子都需要冷静下来，诚实地表达自己的感受，并尝试从丈夫的角度去思考问题。通过有效的沟通，可以避免不必要的误解和矛盾，从而维护和加强婚姻关系。同时，她们也需要认识到，每个人都可能犯错，关键在于如何处理这些错误，以及如何从中学习和成长。

2）如何避免扩大化思维

避免扩大化思维，其实就像是给自己的脑子装个"过滤器"，把那些不必要的杂念过滤掉。具体该怎么做呢？

（1）设立冷静期

这招特别实用。当你觉得自己要发火了，或者开始胡思乱想了，这时候就要启动"冷静期"，告诉自己："先别动，冷静三分钟。"在这三分钟里，你可以深呼吸，可以出去走走，或者干脆去洗个脸，让自己冷静下来。很多时候，情绪一过，你就会发现原先想的那些事儿，其实都不是事儿。

当你需要表达负面情感时，最好聚焦在具体行为上，避免过度扩大；当你遇到令你不满的情况时，在语言中添加时间、地点、次数等细节。学会"事实＋感受＋建议"的表达习惯是十分重要的，比如："老公，我昨天晚上在家等你，等到十二点你还没有回来。坦率地说，我很难过。我建议下次如果有什么事情，还是提前跟我说一声。你看怎么样？"

（2）跟自己做思维辩论

这招就像是自己跟自己打官司，一人分饰原告和被告的辩护律师。当你开始对伴侣的某个行为想太多时，先别急着下结论。跟自己来场辩论。

"原告"："他为啥不回我信息？是不是不在乎我了？"

"辩护律师"："哎，别急啊。他可能只是在开会，或者手机没电了。上次他不也是这么解释的吗？"

这样反复几次，你会发现很多时候自己的担心是多余的。我不知道你是不是会常常觉得：美好的爱情跟自己无关，自己就是一个苦命的人。如果是，那么你要知道，一个人做不到一件事，通常由两个原因造成：一个是"不相信"，另一个是"不知道"。如果你不相信自己能幸福，那老天爷也帮不了你；如果你是不知道如何幸福，那太好了，通过学习和成长，你在感情方面的心智会一步步被重塑，从而来一场华丽转身。

（3）要正面肯定

这招就是多想想伴侣的好处，别总是盯着那些小毛病。每天睡前躺在床上，问问自己："他今天做了哪些让我开心的事？""我感激他哪些方面？"

比如，他今天帮你做饭了，或者他送了你一个小礼物，哪怕只是他听你抱怨了一大堆……这些都是值得肯定的。把这些正面的事情记在心里，别让那些小矛盾遮蔽了你们感情中的阳光。

扩大化有一个不好的影响——它像一种催眠术，你长时间、不断地给对方实施负面的"催眠"，时间一长，他的潜意识就会默默认可这种观点。

我不敢想象，假如我不断地对我的孩子说："你为什么只会给我丢脸呢？""没人会喜欢你！""你还能做点儿什么呢？""你真是太没出息了！"……这些负面的"催眠"会像毒药一样侵蚀孩子的自信和生命力，他想活出一个人样来都难。但假如你不断地对他说："你很棒的！""我非常爱你！"……这些正面的"催眠"则像阳光、雨露一样滋润着他，促进他不断成长。

伴侣之间也是一样的道理，我倒是建议大家把扩大化思维用在表扬对方上。比如我在家里常常会说一些笑话逗我夫人，她就会跟我说："你真的太逗了。不行，我得给你报名参加脱口秀节目。"有时她做了饭，菜还没有端出来，我就会大声问："天啊！这也太香了吧，这是人间可以吃到的菜吗？"

我常常跟学员说，要做你伴侣的广告牌，要到处去说他有多好、有多么爱你，这种"扩大化"不仅会让伴侣感到开心，还会成为一种积极的"催眠"，加深他对你的爱意。

这三个招数，其实就是要你学会控制自己的情绪和思维，别让它们乱来。跟自己做思维辩论，是让你学会理性思考；正面肯定，是让你学会感恩和珍惜；设立冷静期，是让你学会控制情绪。**多肯定，少否定；多冷静，少冲动。毕竟，爱不是让我们拿着放大镜去看对方的缺点，而是戴着老花镜去欣赏彼此的长处。**这样，你们的关系才能更加和谐，更加稳固。

总结一下，在深入探讨了片面关注和扩大化这两个情感世界中的隐形杀手之后，我们更加清晰地认识到了它们在夫妻关系中扮演的角色。片面关注会让我们只看到问题的冰山一角，而忽视了它的全貌；扩大化则让我们将一个小石子看成一座大山，从而感到不堪重负。它们就像两颗定时炸弹，随时可能引爆我们内心的平静。但记住，钥匙就在我们自己手中，我们有能力拆除这些炸弹，重获心灵的自由。

别让片面关注成为你们感情的滤镜，只留下阴影而滤去光芒；也别让扩大化成为你们关系的放大镜，放大了痛苦却遗漏了美好。感情不是一场独角戏，而是两个人的探戈，需要彼此理解和配合。

6. 关系界限：如何在关系中巧妙地说"不"

好的婚姻，是两个世界的交汇，而不是两个世界的重叠。很多夫妻走着走着，就出现了"身份融合"的现象，你中有我，我中有你，界限开始模糊了。好处嘛，自然是两个人更亲密了，难分难解。但坏处呢？就是容易不自觉地踩到对方的底线，甚至挤走对方的个性和需求。

咱们都知道，哪怕两个人好得跟一个人似的，说到底，每个人还是独立的。所以，如何在保持亲密的同时，巧妙地表达自己的拒绝，说出那个"不"字呢？这就是下面要探讨的话题。

在夫妻生活中，有些分界线划得清清楚楚，比如谁洗碗、谁管钱、谁接送孩子，这些事儿大家都心里有数，明白自己的底线在哪儿。要是不想洗碗，一声"不"也能说得掷地有声。**但有些界限，它们不那么显眼，却一样关键，得小心翼翼别让彼此越界。**

1）尊重对方的精神领地

每个人都有自己的精神花园，这是私人的，神圣不可侵犯。尊重对方的秘密，是一种信任的表现。生活中，每个人总会有一些压力和烦恼，工作上的小挫折，朋友间的小误会，或者是那些只有自己才能体会的苦与乐。这些事儿，不一定都要跟伴侣说。有时候，自己静一静，或者找朋友倾诉一下，反而能更好地调整心态，不让负面情绪影响到家庭生活。

有一位妻子，总是忍不住去追问丈夫过去的恋爱经历，每次听到丈夫曾经为前任做过的浪漫事，她心里就不舒服，甚至有时候会吃起醋来。她说："我知道这样不好，但我就是控制不住自己。"我告诉她，每个人都有过去的故事，但那些都是成长的一部分。本节标题中的"不"，不是指拒绝交流，而是指拒绝让过去影响到现在。

我常常说，如果选择相信对方不能使你们的关系变得更好，那么选择怀疑对方也只会使你们的关系变得更糟。相信对方能够处理好自己的事情，相信对方在关键时刻会和你站在一起。这种信任，比那些天天追问对方行踪、翻看对方手机的行为，更能维系夫妻间的感情。

2）尊重对方的原生家庭

尊重对方的原生家庭，就像是守护着彼此的根。这根深埋在土里，不常看见，但它滋养着咱们，让咱们成长为今天的模样。我见过很多夫妻吵架，动不动就把对方家人扯进来，比如说："你爸那脾气，你也学得挺像，一不顺心就发火。"这种话就像一根刺，扎进了对方的心。对方听了，肯定不高兴，可能立刻就反击："你还好意思说我，你跟你妈妈一样，总是挑三拣四。"这样一来，原本的小争吵，就升级成了对双方家庭的攻击。

原生家庭决定了一个人的出身和成长背景，是塑造他性格和价值观的重要因素。这就像是咱们的母校，自己怎么抱怨都行，但要是别人说它不好，就像是触碰了逆鳞，谁都不会高兴。

面对这样的问题，首先我们得认识到：最美好的亲密关系，不是亲密无间，而是亲密有间。过去我们夸赞神仙伴侣，常说他们如胶似漆、形影不离，好得跟一个人似的。但细想之下，这并不是好事，毕竟感情的生长也需要空间，空间需要维护，维护就要敢于说"不"。

3）说"不"的价值

在我看来，说"不"的价值，至少有以下三个方面。

（1）说"不"，是在界定你的界限

界限是个人空间和自我认同的边界，它帮助我们定义什么是可以接受的行为，什么是不可逾越的边界。这些年来，在做咨询的时候，有的来访者会管我叫"浩青老师"，有的会管我叫"青哥"，但还有一些会管我叫"青哥哥"。这个时候，我如果说"不"，那就代表在界定我的界限。你也可以想象一下，如果你的伴侣经常要求查看你的手机，让你感到自己的隐私被侵犯，在这种情况下，说"不"就是在界定你的界限。这不仅有助于你保持个人的独立性，也促使伴侣尊重你的个人空间。

（2）避免过度牺牲，保持自我价值感

在关系中，我们有时会为了取悦对方而不断牺牲自己的需求和欲望。我平时和我的夫人在生活中也会遇到需要妥协和平衡的情况。比如，我们俩在看电影的时候口味不同，她喜欢浪漫喜剧，我却偏爱深沉和经典。我们当然可以选择一味地迁就另一方，但长期下来，这种牺牲会导致情感枯竭和滋生不满。所以，学会说"不"，可以帮助我们避免过度牺牲，保持自我价值感。事实上，我们也的确学会了折中：这一次她选片，下一次我来。这样，我们都能享受到自己喜欢的电影，谁也不用过度牺牲。

心理学家埃里克·弗罗姆（Erich Fromm）在他的著作中提到，爱的本质是保持个体的完整性和独立性。这意味着在爱的关系中，我们既要关心对方，也要关心自己。

（3）说"不"是自爱，而不是自私

在亲密关系中，学会说"不"是一种自爱的表现，它与自私有着本质的区别。自爱是健康的自我保护，自私则是忽视他人的需求。理解这一点，对我们在关系中保持平衡至关重要。

想象一下，你已经连续工作了十几天，某个周末终于有空休息，而伴侣希望你能帮忙做大扫除。在这种情况下，你完全可以温柔地说："亲爱的，我也很想做，但我真的需要休息一下。我们能不能找个其他时间一起做，或者请个钟点工来帮忙？"这样的回答既体现了你对家庭关心，也照顾了自己的需求。**这个"不"字能帮助我们保持自我，避免过度牺牲或压力过大。记住，合理地拒绝并不是自私，而是一种成熟的自爱。**

4）如何说"不"

当对方越界时，我们该怎么巧妙地把问题"推"回去呢？

（1）放下"应该"思维

在咱们的婚姻生活里，有时候会遇到一些让人左右为难的要求。比如，伴侣可能会说："你是我老婆，你的手机密码就应该告诉我。"这话一说出来，可能让你心里五味杂陈，感觉被逼到了墙角。

这时候，咱们得学会抛开那些"应该"想法。有些念头，听起来像是自己的心声，其实很多时候是外界对你的期望和压力。想想看，是不是总有些声音在告诉你："作为妻子，你就应该毫无保留。"但这些声音，真的来自你自己吗？

所以，当对方提出这样的要求时，你不必立刻告诉自己"我应该把密码给他"，而是先问问自己："我愿意吗？我觉得这样做对我们的关系好吗？"如果答案是"不"，那就大胆说出来："我觉得每个人都应该有自己的隐私，即使面对最亲近的人也可以有所保留。我不想给你我的手机密码，这并不代表我对你有所隐瞒，而是我觉得我们应该相互尊重。"

如果你愿意，那当然可以做出不同的选择。但不管怎样，这个决定应该基于你自己的意愿，而不是因为来自别人的期望或压力。婚姻里最美的风景，是两个独立灵魂的自由舞蹈。

比如，你可以这样回应："我知道你在乎我，但我觉得手机密码是我个人的隐私。我们可以相互信任，不必通过这种方式来证明。"

或者，如果你觉得可以找到一个折中的方法，也可以这样说："我理解你想要安全感，我们可以坐下来谈谈，看看有没有其他方式可以增进我们之间的信任。"要永远记得，**在婚姻的天平上，"我愿意"比"我应该"更能称出幸福的重量。**

（2）使用"我"语言的小技巧

"我"语言，其实就是在言语中把自己的感受和需求摆在前头，同时照顾到对方的感受。这样的沟通方式，让夫妻间的对话更真诚、更和谐，也能避免很多不必要的误会和争吵。下面是使用"我"语言的几个注意事项。

·**描述感受：**描述感受是沟通中的一项重要技能。我见过很多来访者，总觉得表达感受会显得自己软弱。结果呢？不是把自己憋出内伤，就是突然爆发，让另一半摸不着头脑。他们在生活中可能经常是这样的：加班累成狗，回家还得撑着笑脸；心里委屈得要命，嘴上却说"没事"。时间长了，这种压抑的情绪可能就会在一次小小的争执中爆发出来。比如："你怎么又乱扔衣服！"其实心里想的是："我天天这么累，你就不能体谅一下我吗？"所以，学会使用"我感觉""我感到"这样的词汇，可以帮助我们更好地开启对话，让伴侣了解我们的真实状态。这样的表达方式有助于建立更深层次的理解和联系。

· **避免绝对化：** 在夫妻生活中，咱们都明白，有时候话说重了，就容易伤感情。特别是用上"总是""从不"这些词，听起来就像是给对方贴了个标签，一下子就把人推开了。**咱们要的是心贴心，不是心堵心**。所以，别把一次行为泛化成对方的全部特征。比如，别说"你总是这么晚回家"，而是说"今天你要是能早点儿回来，我们可以一起吃个晚饭"。

· **直接请求帮助：** 提出需求，意味着你直接告诉伴侣你想要什么，而不是让他去猜。这样，不仅节省了彼此的时间和精力，还能避免很多误会。比如，如果你感到身心疲惫，需要一些时间来放松和恢复，你可以说："我感觉最近有点儿累，我需要一个晚上的时间来做做 SPA，放松一下。你能在我放松的时候照顾一下孩子吗？这样我就能精神饱满地回到日常的忙碌中。"我们有时可能认为对方能够读懂我们的心思，但实际上，明确地表达自己的需求才是最有效的沟通方式。

（3）用幽默缓解紧张

说"不"的时候，气氛可能会突然紧张起来。这时候，适当的幽默就像润滑剂，能让大家放松。

· **夸张表演：** 如果伴侣想让你做家务，而你刚好不想动，可以夸张地表演一下："哎呀，今天我这老腰，可能得申请个'病假'了。要不，咱们请个'外援'来帮忙？"

·**找个有趣的借口：**对方想让你陪着出门，而你实在不想去，可以创造性地找个借口："亲爱的，今天我得留在家里'守护'咱们的小狗，它看起来有点儿'忧郁'，需要我的陪伴。"

·**巧妙转移话题：**当你想拒绝对方的请求时，可以这样说："亲爱的，说起这个，我突然想起来家里的冰箱空了，咱们是不是该去补充点儿'能量'了？"

·**调侃自己：**对方约你出去运动，你可以调侃自己："亲爱的，你看我这'懒虫'今天不想变身，能不能让我在家里冬眠一天，咱们明天再一起出动？"

在婚姻里，互相妥协是必要的，但这个妥协得是合理的，不能变成对对方独立性的侵犯。真正的伴侣，彼此是对方在个人世界里的导游，而不是对方世界里的入侵者。两个人在一起，既要有共同的生活，也要有各自的空间，这样才能长久和谐。

如果你发现你们的关系已经有点儿太"你我不分"了，就得赶紧踩刹车。**别让"我们"成为束缚，"我"和"你"才是婚姻的主角。**当你发现自己总是期望对方的想法和自己一致，或者自己说话时总是用"我们"，忽略了对方的个性，又或者总是要求对方为了自己而改变……这时候你就得问问自己，是不是管得太宽了，影响到了对方的独立性？

记住，婚姻中的"不"并不代表拒绝爱，而是在肯定自我。说"不"不是关闭沟通的大门，而是打开一扇通往相互理解和尊重的窗户。在这扇窗户里，我们可以看到彼此真实的样子，我们可以呼吸到新鲜的空气，我们可以在亲密与自由之间找到那个完美的平衡点。

7. 和而不同：如何与伴侣的差异共舞

婚姻，这个复杂的联盟，有时候比玩"大家来找茬"还让人头疼。当你满怀期待地步入婚姻，以为找到了那个将与你携手走过余生的伴侣，现实却可能像顽童般捉弄你，向你揭示一个事实：你的另一半在日常生活中的习惯、价值观，乃至简单的挤牙膏习惯，都可能与你截然不同。此时，你的内心或许会掀起波澜："这怎么行，必须得让他改过来，否则这日子怎么继续过？"

尤瓦尔·赫拉利在《人类简史》里讲，咱们人类最擅长的就是用想象力来编故事，我们总是梦想着找到一个完美的另一半，可现实往往给我们泼了一盆冷水。我们找到了那个特别的人，却发现他和心中的"白马王子"或"白雪公主"差了十万八千里。于是，我们开始了一场"改造运动"，试图把他打磨成自己心目中的理想模样。

1）生活中的"改造运动"

有一个来访者，她和丈夫的矛盾说起来有点儿戏剧性。她是个麻将爱好者，而丈夫却对麻将不感冒。说起来，他们俩还是因为打麻将结缘的。但婚后，丈夫的态度来了个一百八十度大转弯，突然就不喜欢自己的老婆是个麻将迷了。

我问她："那你丈夫希望你是什么样的呢？"她苦笑着说："如果可以的话，他希望我能变成那种文静的，能坐在窗边看书、能烤出香喷喷的蛋糕，或者会画画、弹琴的优雅女士。总之，在他眼里，做啥都比打麻将强。"

为了迎合丈夫的期望，她开始偷偷摸摸地打麻将，像做贼一样。有时候明明是去打麻将，却跟丈夫说带孩子去公园。这样的小谎言，像滚雪球一样越滚越大，最终，雪崩了。

有一次，丈夫突然打视频电话过来，她没接。丈夫要求共享位置，这下好了，谎言被揭穿了。丈夫的怒火就像被点燃的鞭炮，噼里啪啦地炸开了。他说："如果你还要打麻将，那就别联系我了，我也当你不存在！"

两人大吵一架，丈夫把她的联系方式都删了。这事儿听起来是不是有点儿让人哭笑不得？但这就是生活，有时候比电视剧还"狗血"。

婚姻中的"改造运动"不仅累人，还可能伤感情。**在婚姻里，最需要改变的不是对方，而是我们看待对方的眼光。**每个人都有自己的个性和喜好，这才是我们最初相爱的原因。我们不能因为结了婚，就想把对方塑造成自己心目中的完美形象。这不是爱，这是控制。那么，我们该怎么对待这些令人不快的差异呢？

（1）别小题大做

我常常听到来访者说，自己和另一半三观不合。我就问："你知道'三观'是指哪三项？具体说说。"事实上，能够准确说上来的人寥寥无几。婚姻里那些小磕小碰，有时候换个角度看，真的没那么可怕，根本不至于上升到"三观不合"。我更愿意称之为"多元化的生活"。

想想看，你爱吃麻辣烫，他喜欢吃意面、牛排，这不就是家里的"饮食文化多元化"吗？你爱看古装剧，他迷恋科幻大片，这不就是家里的"影视口味多元化"吗？你梦想环游世界，他想宅在家里养花种草，这不就是家里的"未来规划多元化"吗？

别把差异想得太严重，这就跟不同颜色的衣服一样，搭配好了反而更出彩。要是把这些差异说成"夫妻之间在生活方式、兴趣爱好、价值观念上展现出的多元化特点"，听起来是不是就没那么令人不快了呢?

所以,别总想着把对方改造成自己的影子。那样做,不仅累人,还可能让对方失去独特魅力。**在婚姻中,最深刻的改变往往始于自我反省。**咱们要的是两个独立个体的和谐共处,而不是复制粘贴。

（2）学会优势互补

黄蓉和郭靖这对金庸笔下的神仙眷侣,是夫妻之间优势互补的典型例子。他们俩,一个机智过人,一个忠厚老实,一个活泼灵动,一个沉稳木讷。但这些恰恰是他们关系中的魔力所在。

我和我夫人,是那种典型的"你唱我和"。我做饭,她收拾,家里的事分工明确。我做饭,是因为我喜欢那种把食材变成美食的过程;她收拾,是因为她受不了家里脏乱。我们俩,一个爱下厨,一个爱整洁,家里自然井井有条。

出门旅游,她负责规划,我负责记录。她是那种提前做好攻略、不打无准备之仗的人;我呢,更喜欢随性,用镜头和文字捕捉旅途中的点点滴滴。这样一来,她确保我们不会迷路,我确保我们有美好回忆。

吃饭这事儿,我们俩口味也不一样。我爱吃中餐,她喜欢西餐。但这不碍事,我们总能找到一个中西合璧的餐厅,满足各自的口味。她喜欢看搞笑的节目,我偏好深沉的节目。这也好,家里既有欢声笑语,又有深度对话。

说到底,夫妻间的这些差异,其实都是互补的。**婚姻不是1+1=2,而是0.5+0.5=1。**我们都需要放下一半的"自我",才能组成一个完整的"我们"。我们不是要变成对方,而是在对方的基础上找到自己的位置。就像拼图,每一块都有它独特的图案或形状,放对了,就能拼出完整的画面。

（3）用豁达的自嘲看待差异

我有一个朋友，她自称生活家。有一天我看到她发了一条纪念结婚一周年的朋友圈信息，她对待伴侣的态度，简直是自嘲界的一股清流。生活中的那些小插曲，到她那儿全变成了笑话。她总说，问题来了，别慌，先自嘲一下，笑一笑，什么事儿都没了。这不，她的生活哲学就是"用幽默化解尴尬，用智慧降低风险"。我把她的朋友圈文字放在下面，你感受一下，看看她是如何用幽默给生活加料、把那些看似棘手的问题变得不再头疼的。

> 我老公，那真是个宝！每天一大早，家里就像开始了一场寻宝游戏，袜子一只在沙发下，一只在冰箱旁。这是他给我的小惊喜，让我想他的时候，一低头就能闻到他的气息。

> 洗衣服这事儿，他也是热心肠，白衬衫进去，迷彩服出来，颜色变了，形状也自由发挥了。这手艺，我猜他是想给我点儿新鲜感，让生活多点儿色彩。

> 吃饭嘛，他总是那么体贴，碗里总留一口，可能是想让我尝尝他的手艺，或者是分享他不爱的那口菜。

> 节俭这块儿，他也是高手，上厕所省水的功夫，那是一流的。每次上完厕所，水是省了，我猜他是想让我们下个月的水费，能少交那么一点点。

> 运动细胞，他也是杠杠的，扔垃圾都得来个三分投篮，只是命中率嘛，还得靠我打扫战场。这也算是我们俩的默契运动时间。

> 他对我的爱，那是细致入微，门钥匙都不拔，这是怕我回家还得掏钥匙，多麻烦！直接开门进，多方便！

> 画画，他也无师自通，洗碗时用油渍在墙上留下的即兴作品，

那是艺术，我得慢慢欣赏。

收纳这块儿，他也有独到之处，抽屉外面看着空荡荡，一拉开，里面可是别有洞天，数据线、口罩、袜子，那是一应俱全。

我们结婚一年了，我猜他最想对我说的，可能就是那句"谢谢"。要是我非得问谢啥，他肯定一脸骄傲："谢天谢地，老婆你还没和我离婚！"

2）如何改变对方

如果真的想改变对方，又该怎么做呢？

（1）想要改变另一半，先从自己下手

别老想着把对方捏成你心中的小泥人。记住，改变不是硬掰，你越是用力，对方可能越跟你较劲，最后两人的关系就像拉锯战，谁也不肯松手。在做咨询的时候，我听过很多人反问我："我先改，那他不改怎么办？"我会说，改变这事儿好比跳舞，总得有个人先起个头，你一扭，他可能就跟着摇摆了。

但很多人心里有个小九九，总觉得："我改了，他不改，我不是亏大了？"这时候，我会提醒他，改变不是为了在"听谁的"这场拔河比赛里赢，而是为了两人能跳一支更和谐的双人舞。

（2）用积极的视角看待对方的习惯

比如，你是个细节控，家里打扫得一尘不染，他可能觉得乱中有序才有家的感觉。如果你直接来一句："家里这么乱，你怎么就不知道收拾一下？"这话听着火药味十足，换个方式说："家里的东西都很活跃，到处都能看到你生活的痕迹。"这样，既不伤和气，又给了对方温柔的提醒。

面对对方的"随性"风格，你可以不抱怨"邋遢"，而是欣赏地说："你的风格很随性，不拘小节。"当伴侣尝试新事物，结果不尽如人意时，你可以不批评对方"太固执"，而是鼓励对方："你很有自己的原则和魄力。"

对方比较晚回家，比起责备，或许你可以说："亲爱的，你今天回家比外卖送餐员还晚，我开始怀疑你是不是转行做夜间配送了。"**这种积极、幽默的方式不是掩盖问题，而是用爱的眼光重新定义问题。**

（3）学会做对方的广告牌

试想一下，妻子夸丈夫做饭的样子帅呆了，他心里一乐，下次说不定给你整出一桌满汉全席。反过来，你要是总挑刺，他可能连锅铲都懒得拿，哪会有大餐？人都爱听好话，你越是夸，他越是得意，一不小心就变成你心中的完美爱人。改变，不是硬碰硬，你越是逼，他越是躲。有时候，人们抗拒改变，其实是在抗拒被否定的感觉。你越是死缠烂打，对方越可能像刺猬一样蜷起来。所以，别总想着在"改造大赛"里压过对方，真正的胜利，是两人一起进步、一起变得更好。

总之，想要改变对方，先从自己做起，认可对方，用行动去影响，而不是用嘴巴去命令。这样的改变，才是真实的、生活化的，也更能打动人心。毕竟，咱们要的是"你侬我侬"，不是"你错我对"。

在婚姻的旅途上，我们都希望另一半能够十项全能，能够和自己心心相印，但人无完人，况且我们自己也不够完美。

早前听过一个挺逗的段子：

有一个女的，去婚姻介绍所碰运气。婚姻介绍所的老板笑呵呵地迎上来，说："美女，咱们这儿有五层楼，啥样的男士都有。"

老板带着她一层层看。到了第一层，说："这层的男士，人品杠杠的。"女的听了，摇摇头，感觉还不够。

上到第二层，老板又说："这层的，人品好，还能挣钱。"女的还是摇头，心想，这年头，光会挣钱有啥用？继续往上爬。

到了第三层，老板满脸堆笑："这层的，人品好，能挣钱，长得还帅。"女的心里有点儿小鹿乱撞，但还是不甘心，想着上面会不会有更完美的。

爬到第四层，老板更得意了："这层的，人品好，能挣钱，长得帅，还很会做饭。"女的差点儿就冲进去了，但最后还是咬咬牙，想着再上一层看看。

结果，爬到顶楼，墙上就一行字："抱歉，这层没有男人。"女的当场就傻眼了，这才明白，原来自己一直在寻觅的完美男人，根本就不存在。

看完这个段子，你会瞬间明白：对完美伴侣的想象，无论看起来多么合情合理，到最后都只是一场空。太多人在面对另一半的小瑕疵时，常常忍不住要提出"整改方案"，但在这之前，或许我们可以先自问一句：我自己又做得怎样？

其实，生活中那些让你"不可忍受"的事，大致可以分为两类：原则性的和非原则性的。原则性的事，那是底线，比如是否忠诚、是否有家庭暴力倾向、是否恶习缠身……这些事情，一旦有个差池，就得认真思考是否还有继续下去的必要。

而非原则性的事，就好比对方吃饭喜欢翻菜、爱跷二郎腿、偶尔"飙"几句脏话、上厕所不关门……这些都是生活中的小插曲，不是不能调和的大问题。

　　对于那些非原则性的小习惯，我们能做的，就是学会接纳。毕竟，爱一个人，就要连同他的小缺点一起爱。而对于原则性的问题，我们就得引导对方认识问题，一起努力解决。如果对方始终不愿意改变，那我们就要清楚自己的底线，该优雅转身的时候，也要毅然决然。**既然是原则，那就要捍卫，而不能任由践踏。有时候，保护自己的幸福比忍受痛苦更重要。**

三、养——无关系、不教育

1. 生命传承：孩子如何重塑家庭格局

2019 年 6 月的一天，我迎来了生命中的第一个奇迹——嘟嘟。

记得那天，我站在医院的走廊里，手里紧握着一张皱巴巴的纸巾，紧张得就像要去赴第一次约会。当护士把那个裹在柔软毯子里的小宝贝递给我时，我几乎屏住了呼吸。护士轻描淡写地说："抱到那边床上去。"我愣住了，结结巴巴地问："抱？怎么抱？"她像是在看一个新手爸爸的笑话，简单回了句："就这样抱过去啊。"我慌了，连连摇头："不行，不行，这样抱不行。"

护士看我这副菜鸟模样，眼神里流露出一丝无奈，然后动作麻利地把嘟嘟放到了一张台子上，开始了她的"专业打包"流程。嘟嘟的眼睛只是半睁半闭，但我能感觉到，我们之间已经有了一种说不出的、特殊的联系。那一刻，我知道，我的生活将永远改变。

果然，很快，我的日常就被重新定义了。凌晨 3 点的哭闹声成了我的新闹钟，而"婴儿睡眠"成了我词典里的新词。多少次，孩子半夜醒来，哭声似乎要把屋顶掀翻。我抱着他在客厅里来回踱步，轻声哼唱着《小青蛙》，直到他再次安静入睡。看着窗外的星空，我心想，这又是我人生中漫长的一夜了。在嘟嘟刚出生的半个月里，我就足足瘦了 8 斤。有人问我刚开始当爸爸是什么感觉，我在公众号上半开玩笑地回答说："是需要红牛的感觉。"这话里头，有几分自嘲，也有几分真实。

随着嘟嘟慢慢长大，我开始学会了读懂他的"婴儿语言"。每当他挥舞着小手，发出"哇哇"声时，我就知道他饿了；当他皱起小鼻子，发出"嗯嗯"声时，我就知道尿布需要换了。这些小小的交流，让我感到自己仿佛获得了超能力。

第一次当爸爸，那感觉就像是突然被推上了一辆高速列车，既兴奋又紧张，甚至有时候还有点儿不知所措。

兴奋，是因为家里添了新成员。这个小生命的到来，给家庭带来无尽的喜悦和新鲜感。紧张，是因为肩上的责任重了。以前两个人的世界，现在变成了三个人的家。

不知所措，是因为每个宝宝都是独一无二的。有时候，即便看了再多的育儿书籍，听了再多的专家建议，当宝宝真的哭闹起来，当爸爸的还是会手忙脚乱，不知道该如何是好。这种时候，真希望能有个"超级奶爸速成班"，让自己一夜之间变成育儿高手。

一个孩子的到来，尤其是家族中新一代首位成员的"莅临"，对家庭而言，无异于一场小型革命。家庭文化、生活方式，甚至家庭成员间的关系，都会因这个小宝贝的到来而发生微妙的变化。

过去，家中长辈讨论的可能是工作、股市、亲戚间的闲话。如今，话题转变为："你们家宝宝开始尝试辅食了吗？""宝宝第一次叫的是爸爸还是妈妈？"以往晚上可以外出看电影、享受宵夜，现在却要早早归家，因为家中有个小宝贝等待陪伴。

1）孩子给家庭带来的正面影响

（1）家庭凝聚力的提升

孩子的到来，对我的家庭来说，就像一部真实版的《我们仨》，每天都有新的情节在上演。这个小生命，就像杨绛先生笔下的那个小圆心，把我的家人紧紧地团结在一起。

随着孩子成长，我们之间的关系也更加紧密，就像《2022年中国家庭科学育儿洞察白皮书》里提到的，大家都认同育儿是全家人的事。我们一起笑，一起哭，一起成长。

（2）成长的催化剂

育儿不仅关系到孩子的成长，也意味着父母自我成长。面对与孩子有关的各种问题，我们得变成百科全书，要学习怎么照顾他们、怎么教育他们。反过来，孩子也会教会我们如何去爱、如何去理解、如何去包容。这些经历，帮助我们成为更好的自己。

（3）家庭信仰的升华

养育孩子，不仅仅是看着他们一天天长高，更是看着他们的心灵慢慢丰满起来。我们希望他们长大后，不仅头脑聪明，心里也有爱、有梦想、有坚持。就像那部让人感动的电影——《冈仁波齐》，它讲述了人们踏上朝圣之旅，克服了一路上的困难，最终找到了内心的平静和力量。我们也希望通过教育和引导，孩子能够实现自己的梦想，到达自己心中的"圣地"。

2）孩子给家庭带来的挑战

孩子的到来无疑是家庭中的一件大事，它既带来欢乐，也带来一系列挑战。

（1）睡眠剥夺

新晋父母常常因为夜间照顾宝宝而牺牲自己的睡眠。《2022年中国家庭科学育儿洞察白皮书》（以下简称《白皮书》）显示，超过七成的妈妈因为过分追求完美育儿而陷入焦虑，这与睡眠不足不无关系。很多妈妈抱怨说："以前看到电视剧里半夜起来哄孩子的情节，我还以为是为了煽情，现在才知道，那就是写实！"长期睡眠不足不仅让人疲惫不堪，还可能引发情绪波动和焦虑。

（2）情绪波动

疲劳和压力有时会让父母在孩子面前失去耐心，事后又感到内疚。一位妈妈在朋友圈里分享了自己的感受："今天我又对宝宝发脾气了，我知道这样不对，但我真的太累了。"这与《白皮书》中的描述相呼应，许多妈妈在育儿过程中感到愧疚和自责，她们需要更多的理解和支持，以帮助她们更好地应对育儿中的情绪波动。

（3）经济负担

孩子的出生往往伴随着家庭开支的增加。有报告指出，全国家庭从孩子 0 岁至 17 岁的养育成本平均为 53.8 万元，0 岁至大学本科毕业的养育成本平均为 68 万元。我见过一个爸爸说："原来以为'奶爸'这个词挺温馨的，直到自己成了奶爸，才知道'奶爸'的意思是用尽吃奶的力气才能当爸。"经济压力让父母在往购物车里加个玩具时都得先算算账。

（4）时间平衡

父母在工作和家庭之间努力寻求平衡，但往往感到力不从心。《中国生育成本报告 2024 版》显示，养育孩子会导致女性有报酬工作时间减少，主要发生在孩子 4 岁前。在孩子 0 岁至 3 岁时，女性平均每周工作时间分别减少 15 小时、12.5 小时、5 小时、7 小时。女性照料孩子从 0 岁至 4 岁减少的工作时间合计为 2106 小时，如果按每小时工资 30 元计算，在孩子 4 岁时，女性减少的工作时间的成本约为 6.3 万元。这表明父母，尤其是母亲，在育儿和工作之间面临着巨大的时间分配压力。

3）孩子给家庭带来的困惑

孩子也会给家庭关系带来困惑。

（1）日常琐事与夫妻沟通

新生儿的到来增加了家庭的日常琐事，这些琐事可能成为夫妻间矛盾的导火线。妻子可能会因为丈夫在换尿布时的不情愿、回家后的疏远行为、夜间对孩子的哭闹无动于衷而感到不满和压力。我见过有妈妈说：

"每次我让他给孩子换尿布，他就一脸不情愿。"

"他就知道忙工作，一回家就喊累，然后一头扎进书房。"

"昨晚孩子哭得那么厉害，他居然还能睡得跟猪一样。"

（2）丈夫的感受与被边缘化

从丈夫的角度来看，他们可能感到自己在家庭中的地位下降，感到被边缘化和孤立。这种感受可能导致丈夫在育儿中变得消极，进一步加剧夫妻间的矛盾。我听过有位爸爸说：

"以前，我是家里的中心，大事小事都是我拿主意。现在，我感觉自己就像个局外人。"

"每次我想帮忙，我老婆总是说'你不懂'，或者'你别添乱了'。"

（3）养育压力与婚姻质量

研究表明，养育压力与婚姻质量之间存在显著的负相关关系。特别是丈夫的养育压力，不仅影响自身的婚姻质量，也影响妻子的感受。2017 年国家卫生健康委员会的调查显示，经济负担重和缺乏育儿支持是已生育一孩妇女不想生育二孩的主要原因。这强调了在缓解养育压力方面，夫妻之间沟通和相互支持的重要性。

（4）家庭结构变化带来的关系纷争

中国家庭的育儿模式多为"4+2+1"或"4+2+2"，即祖父母、外祖父母、父母、一个或两个孩子共同参与。超过 50% 的家庭有祖辈参与育儿，这有效减轻了年轻父母的育儿负担。然而，这种育儿模式（或称"家庭结构"）也可能带来代际之间的育儿观念和方法的冲突，典型的"婆媳关系"就对夫妻关系构成了威胁。

4）如何应对孩子带来的变化

（1）爸爸心态的转变与共同育儿

在当代家庭中，爸爸需要认识到家庭是双方共同耕耘的园地，育儿不是妈妈单方面的责任。当新生命降临时，育儿成为夫妻双方共同的责任。爸爸应该积极参与育儿的各项事务，从换尿布、哄孩子入睡，到参与孩子的教育和成长。这不仅是对家庭责任的承担，也是对伴侣的支持。可喜的是，根据《当代父亲的育儿真相——2021 年已育男性人群洞察报告》，超过 80% 的"90 后"爸爸认同父母双方应投入同等的时间和精力来养儿育女。这表明年轻一代父亲愈发意识到平等育儿的重要性，愿意承担起共同育儿的责任。

此外，研究还表明，父亲的参与对孩子的学业成绩有积极影响。有研究表明，家庭中有父亲积极参与育儿的孩子获得"A"的比例要比父亲较少参与育儿的孩子高出 43%，留级率低 33%。这些孩子更有毅力，更易处理学习压力，也更善于与周围环境建立良好的关系。

我自己也曾受传统观念的影响，认为女性的主要职责是照顾家庭和孩子。但看到我夫人的努力和热忱，我逐渐意识到需要更新我的观念，支持她，适应新时代的女性形象。她是一位财经编辑，她的工作需要时刻关注市场动态、分析经济趋势。家庭成为了她的工作场所，电脑旁一杯咖啡和手机中不断更新的新闻是她日常工作的写照。她曾认真地对我说："我不想只是在家带孩子，我有我的职业追求，我想实现自我价值。"这番话让我深受触动。**是的，她不仅是我的妻子、孩子的母亲，她更是她自己，有自己的梦想和追求。**

我当然愿意支持她。看着她在职场上展现自信和魅力，我感到无比自豪。同时，我也深知她付出的努力和牺牲有多大。因此，当她晚上需要加班时，我会主动承担起照顾孩子的任务。虽然一开始我可能不太熟练，但逐渐地，我也能够独立照顾孩子了，成为一位"超级奶爸"。周末时，我会鼓励她外出与朋友相聚，放松身心。我在家照顾孩子，让她能够无忧无虑。我希望她明白，她的努力我都看在眼里，她的辛苦我都感同身受。

在她工作时，我会为她准备小吃，泡上一杯茶，给她按摩，让她感受到我作为丈夫的支持。我告诉她："你忙你的，家里有我呢。"我想让她知道，我理解她的辛劳，我尊重她的选择，我愿意与她共同承担家庭的责任。

请记住，育儿是一场团队协作，而非个人的独奏。因此，孩子爸爸们，当你们结束一天的工作回到家中，不妨先拥抱孩子，询问当妈的日常，看看是否有自己能够协助的事情。哪怕是为孩子讲一个故事，或陪孩子玩耍一会儿，这些都是参与孩子成长的重要方式，也是维系和加深家庭情感的宝贵时刻。

（2）妈妈给予爸爸适应的时间与鼓励

妈妈在孩子出生后往往迅速进入角色，而爸爸可能需要更多时间来适应父亲这一新角色。《家庭教育蓝皮书2024：中国家庭养育环境报告》采集了超过一百万个家庭的数据，出现焦虑问题在爸爸中更为普遍。这可能意味着父亲在育儿过程中需要更多的支持和鼓励，而母亲在这一过程中扮演着重要角色。

有的妈妈看到爸爸笨手笨脚地抱孩子，可能会不由自主地埋怨："你怎么连抱孩子都不会？！"这时候，妈妈需要深呼吸，告诉自己，每个人都有一个学习的过程。同时，妈妈也可以创造机会让爸爸和孩子单独相处，比如让爸爸带孩子去散步，或者给孩子洗澡。这样的独立任务，不仅能让爸爸逐渐习惯父亲的角色，也能加深他和孩子之间的亲子关系。在这个过程中，妈妈的"彩虹屁"至关重要。爸爸需要听到"你肯定行的！我老公天下无敌！"这样的话。他听多了，也就信了；你说多了，假的也成真的了。

我夫人就是个特别懂得鼓励他人的人。记得孩子刚出生那会儿，我抱一下都战战兢兢的，生怕伤着了他。我夫人就在一旁笑着说："嘟嘟，你看爸爸的手臂多有力气，嘟嘟多喜欢爸爸的怀抱！"就这一句话，让我心里暖洋洋的。

有时候，我下班回家，累得不想动弹，夫人就会说："今天嘟嘟学了个新词，一直等着爸爸回来炫耀呢。"我一听这话，立马来了精神，什么累啊苦啊，全都抛到脑后，屁颠屁颠地去陪儿子了。

我曾跟很多妈妈说："别忘了，能陪你走下去的是你老公，不是你孩子。你们是彼此最坚实的依靠、最亲密的爱人。**什么是成功的父母？能够让孩子成功地离开自己，去独立生活，那才是成功的父母**。什么是好伴侣？能够一起走下去，共同面对生活的风风雨雨，那才是好伴侣。哪怕日子过得再紧，咱们也得挤出点儿时间，找找那久违的两口子的感觉。可能是出去看个电影、吃个饭，或者就是在家里，关上门，安安静静聊会儿天。这些小事，其实都是在告诉对方："不管怎样，我都爱你爱得不行。"

这么一来，慢慢地，夫妻间温馨的感觉就回来了，家里的平衡也就找着了。生活不光是围着孩子转，咱们自己的感情生活也一样重要。这样一来，孩子看到的，不光是忙前忙后的爹妈，更是一对恩爱的夫妻。

2. 60 分父母：避免落入过度养育的陷阱

1）过度养育的陷阱

这些年，我接触过不少铆足干劲要成为那种无可挑剔的父母的人。我曾经也是一样，早在和夫人还只是手牵手谈恋爱的阶段，我就开始啃那些厚厚的育儿书，还上网搜罗各种育儿课程学习。一方面，我心里有数，这个女人将来肯定会是我孩子的妈；另一方面，我心里也直打鼓，自己是否能胜任"爸爸"这个角色。我一直在想，孩子会给我对他的爱打多少分？这种追求完美的心态，一度让我疲惫不堪。如果你也常常有这种感觉，那么可能也陷入了"过度养育"的陷阱。

过度养育，是指父母在养育孩子的过程中，过度干涉孩子的生活，承担了太多本应由孩子自己承担的责任。你会发现自己陷入了一个怪圈：越是努力地保护和指导孩子，孩子就越依赖你；而孩子越依赖你，你就越感到自己需要投入更多的精力。这样循环下去，育儿之路变得越来越艰难。

2）在父母过度养育中成长起来的孩子会有哪些问题

朱迪斯·洛克博士在其著作《适度养育》中，巧妙地创造了"盆景儿童"这一概念。在盆景中，经过精心修剪以迎合主人审美的植物，通常生长在有限的空间里，它们的根须不深，生命力较为脆弱，一旦失去主人的细心照料，在自然环境中将难以生存。**"盆景儿童"**

用于形容那些在父母庇护下成长的孩子，他们习惯于依赖父母的指导和帮助，缺乏独立面对生活挑战的能力，一旦需要自己独立生活，便感到迷茫和无助。

你是否听过"全职儿女"这个"工作"？在现代社会中，"全职儿女"这一现象引起了广泛的关注，它描述了这样一群年轻人：他们选择暂时不就业，而是回到父母家中生活，承担一部分家务劳动，同时由父母提供基本的生活支持。

在有些孩子的成长过程中，父母就像修剪盆景一样，对他们的生活和未来进行了过多的干预和规划，导致他们在进入社会后，发现自己无法像依赖父母那样依赖他人。他们习惯了父母无微不至的关心和照顾，一旦失去这种照顾，他们可能会感到崩溃，无法独立生存。

在一些发达国家中也有类似的现象。在日本，这样的年轻人被称为尼特（NEET）一族；在美国，他们则被称为归巢一族。这些年轻人选择既不上学，也不就业，而是回到父母家中，依赖父母生活。

有些"全职儿女"可能会说："与其在社会做边角料，不如回家做父的宝。"他们享受着父母提供的舒适生活，每天睡到自然醒，吃着妈妈准备好的饭菜，可以刷手机、玩游戏、追剧，生活似乎无忧无虑。这种生活模式，实际上在无形中培养了他们的依赖性，削弱了他们独立生活的能力。

3）如何避免过度养育

作为父母应该努力做好以下几件事情。

（1）能身教就不花力气言传

身先足以率人，能身教的时候，就不用你花那么多力气去唠叨、去啰唆。孩子的眼睛就像摄像机，记录着你的一举一动，而不是你的千言万语。你一边玩手机，一边跟他说"别玩了，快去做作业"，他能听进去吗？你总督促孩子多读书，但如果家里连本书都找不到，孩子怎么会爱上读书呢？身教的力量是巨大的。有时候，我们当家长的总想着多说几句，让孩子记住这个、那个，但结果往往事与愿违。

就像我家孩子，我跟他说一百遍"要礼貌"，不如我自己给他示范怎么跟人打招呼。记得有一次，我们全家去餐厅吃饭，服务员上菜的时候，我特意大声说了句"谢谢"。嘟嘟看着我，然后学着我说了声"谢谢"。从那以后，不管是在餐厅还是在家里，嘟嘟都会主动说"谢谢"。这就是身教的力量。

孩子是看着父母的背影长大的，父母的每一个动作、每一句话，都会成为他们模仿的对象。相反，父母自己做不到的，天天教育孩子也不会成功，除非把孩子变成两面派。

（2）鼓励孩子自主动手

你听过"直升机父母"这个称呼吗？有一类家长，他们就像盘旋在孩子头顶的直升机，随时准备俯冲下来解决一切问题。但这种全方位的保护，真的是孩子成长的催化剂吗？**孩子还小，确实需要指导，但他们需要的是方向，而不是地图上的每一个标记，更不需要你背着他走，尤其是在学习这件事情上。**

比如我儿子，他有一次在作业上出了点儿差错，我差点儿就直接把正确答案告诉他了。但我停住了，我意识到，告诉他答案不是在帮他，而是在剥夺他思考的机会。所以我鼓励他自己去想、去问、去探索。结果，他不仅自己想出了解决办法，还兴奋地跑来告诉我，像是发现了"新大陆"。

什么是自主？自主就是自己动脑筋，自己拿主意。无论是在哪个过程中，学习、创造、工作、探索……只要你愿意主动去做，人工智能都能帮你把效果放大好多倍。

人工智能和人类大脑最大的区别在于，人工智能不会自发地思考和行动。就像 ChatGPT，它需要人类的指令才能工作，你不问它，它就什么也不做。如果你只是坐等机器来帮你，那么它对你来说毫无用处。主动性是保证孩子将来不被时代甩在后面的秘诀。

我们周围有很多人，长大后仍然依赖父母做决定，因为他们从未被赋予过这样的机会。比如周末来临时，你问孩子："我们这周末做什么？"他可能会提出一些不切实际的想法，比如去海边，但天气预报说会有暴风雨。你不应立即否定他，而应和他一起探讨这个计划是否可行，然后引导他思考其他选择。这样的日常场景，就是我们培养孩子自主能力的时刻。我们不需要培养一个没有主见的成年人，而是要培养一个能够独立思考、做出明智选择的孩子。从小事做起，比如让孩子选择自己的衣服、决定周末的活动计划，这种参与感会让孩子感到自己的意见被重视，从而增强他们的自主性。有些家长老跟我抱怨他家的孩子笨，**我想说：孩子并不是天生就"笨"的，很多时候，是父母把他教"笨"的。**

我们的角色，应该是那个在孩子需要时给予指引的灯塔，而不是那个一直在他们头顶盘旋的直升机。**如果每一棵幼苗都指望园丁给它创造晒太阳的机会，那它们怎么可能长得壮实呢？**

（3）学会适时退出

所有的亲密关系都趋向于拉近彼此的距离，但亲子关系的独特之处在于，为了在适当的时机实现分离。养育孩子可以被看作一场"向后退"的游戏，随着孩子的成长，家长应该逐渐减少直接的帮助，从抱着到牵着，再到放手，最终让孩子独立承担责任。这个过程与企业管理有着相似之处，就像老板需要帮助员工找到解决问题的方法、逐步培养他们的能力一样，家长也需要在孩子遇到困难时提供指导，但最终目的是让孩子能够独立解决问题。

在育儿的过程中，家长的角色更像是一个引导者，而不是一个全能的保护者。育儿是一场渐行渐远的目送，我们的任务是让孩子学会独自远行。在育儿的道路上，我们的目标是培养孩子成为能够自主生活的个体，而不是永远依赖我们的"盆景儿童"。我们需要意识到，每一次我们代替孩子做决定，每一次我们为孩子解决问题，都是在减少他们的成长机会。

为了避免过度养育，我们需要重新审视自己的育儿方式，学会适时退出。放手不是放弃，而是相信孩子能够独立飞翔。这意味着我们要允许孩子犯错误，让孩子在错误中成长，而不是在完美中徘徊。毕竟，真正的爱，是教会孩子如何生活，而不是为孩子而活。

4）60分父母："刚刚好"就是"足够好"

我和身边的不少"90后"朋友聊过，他们都已经到了"当爸妈的年纪"，但提起要孩子，他们普遍犹豫，生怕自己当不好父母。在很长的一段时间里，这种纠结的情绪也一直伴随着我，直到我遇到了唐纳德·温尼科特的理念。

温尼科特是精神分析领域的一位大师，他提出了一个挑战传统育儿观念的理论——"60分父母"。这个理论听起来有点儿像我们平时说的"过得去就好"，但这里的"过得去"并不是说我们可以马虎应付。**温尼科特鼓励家长做"刚刚好的父母"**。所谓"刚刚好"，就是不要过度用力，做好几件最基本的事情，就能被称为合格的父母。

然而，很多家长会认为——这还不够。很多妈妈在做"20个我"自我认知时，笔下流露出的情感让我深有感触。我看见了不少妈妈的心声："我有时候觉得自己不是个好妈妈。"这简短的一句话承载着多少自责、焦虑，还有对孩子深深的爱。我们这些当父母的，总想着给孩子最好的。结果呢？常常是把自己逼得太紧，焦虑得不行。

说实话，谁不想当个 100 分父母啊？但现实是，我们也是人，也有累的时候，也有犯错的时候。有时候，敢于接受自己只能做个60 分父母，反而是一种解脱。这个"60 分"，不是说我们爱得少，而是认识到自己不是超人，不可能什么都做到最好。

比如，某个晚上，孩子死活不肯睡，你已经累得快趴下了。这时候，你可能会对自己说："我怎么连让孩子睡觉都做不到？"但转念一想，谁规定了父母就得是万能的？偶尔让孩子晚睡一次，天也不会塌下来。这时候，60 分就挺好。

所以，当你写下"我有时候觉得自己不是个好妈妈 / 好爸爸"的时候，不妨再加一句："但我愿意接受自己的不完美，做一个真实的 60 分父母。"这样，你就给了自己一个正面的期待，也为自己的成长之路打开了一扇门。记住，60 分父母，不代表我们不尽责，只是我们更懂得，生活不需要时时刻刻都紧绷着。我们接受自己的不完美，也接受孩子的不完美。这样，我们才能一起成长，一起享受生活带来的每一份美好。

有些家长可能嘴上说不想过度操心，但行动上还是不自觉地跟着别人的节奏走，总想着在孩子成长的每个环节都做到最好。这种追求完美的育儿方式，有时候反而忽略了和孩子之间的真实情感和互动，这就有点儿本末倒置了。孩子真正需要的，不是那种整天紧张兮兮、总是在比较的父母，而是能够理解他们、支持他们、和他们一起成长的伙伴。

在育儿这条路上，咱们不必背着完美主义的包袱，也不必过度操心每一个细节。有时候适当放手，让孩子自己去探索、去尝试，反而能培养他们的独立性和解决问题的能力。放下完美主义的担子，和孩子一起轻装上阵，享受成长的过程，这样不仅能减轻家长的压力，也能让孩子在轻松愉快的环境中成长。这岂不是更好？

在孩子出生后的第四十五天，我躺在床上，辗转反侧，难以入眠，心中充满了纠结和不安。于是，我起身，独自一人在深夜的寂静中，将那些纷乱的思绪化作文字。我将这段心路历程记录在本节的末尾，或许你愿意一读。

一个父亲的凌晨低语

时间怎么就这样悄无声息地溜走了？

从你出生到现在，每一个白天的哭闹，

每一个夜里的醒来，都成了我生活中的音符。

我已经习惯了这种断断续续的睡眠，

习惯了在疲惫中寻找作为父亲的节拍。

我会成为一个什么样的爸爸？

这个问题，至今我仍然没有答案。

每当想到这里，我便不敢轻易地说我是爱你的。

但转念一想，世间有许多平庸的父母，

却很少有平庸的孩子。

既然如此，我又有什么理由不爱？

我看到许多以爱为名的父母，

他们打着"爱的名义"，但背后隐藏的，

106

却是个人的私心和欲望。

我知道，我无法怪罪这些父母的粗暴，

因为他们也曾被父母这样粗暴地对待。

这是一种代代相传的模式，

但我不想让它在我这里继续。

爸爸被许多人夸懂事，

但懂事的背后，是一种深深的绝望。

我清楚地知道，孩子的世界是善良的，

为了让父母开心，他们愿意做任何事。

为了这两个字，我曾一度迷失了自己，

活出了疲惫不堪的人生。

请你不必担心未来。

爸爸不会因为你不够优秀，而强加自己的期待于你。

期待的终点只是下一个期待，

永远不会有被满足的一天。

爸爸也不会因为你不够懂事，

搬出别人家的孩子，

毕竟别人家的孩子也可能活在痛苦里。

爸爸更不会因为你不够成熟，而对你冷眼相待。

因为我知道，

哪怕时至今日，我也不认为自己已经成熟。

我一直在想，或许有一天你也会问我：

"爸爸，如果我不足够好，你还会爱我吗？"

放心，我爱，无条件地爱。

也许不久的将来，你会告诉我，

你找到了自己所爱的人、事、物，

并想借此活出自己的人生。

那么，你要记得，在出发前的一刻，

你不必为了得到我的肯定，

而回过头来，试图求得确认。

因为你知道爸爸一定会跟你说："去吧，孩子。"

写到这里，我在想，如果做到了这一切，

或许我就离一个 60 分爸爸更近了一点儿。

要知道，在当爸爸这件事情上，我是考生，

阅卷老师却是你。

作为考生的我，百分百投入。

还好阅卷老师不太苛刻，

一如现在的样子，用你的安然入睡，

抚平我的战战兢兢。

3. 团队协作：不要做育儿旅途中的"孤勇者"

我听过这么一句话：听到孩子第一次叫"妈妈"的时候，妈妈心里充满感动和温暖，当孩子一天叫 100 次"妈妈"的时候，妈妈心里只剩下烦躁。

作为父母，尤其是当妈妈的你，有没有在某个疲惫的夜晚，看着孩子熟睡的脸庞，突然感到一股说不出的孤独？仿佛在育儿这条路上，自己成了唯一的行者。但今天，我想告诉你，其实你并不孤单。在这一节里，我要和大家聊聊，如何打破孤军奋战的困境，让我们的育儿之路变成一场家庭乃至社区的团队协作。

1）与伴侣默契配合

（1）情感交流

夫妻之间**要想处得来，就要聊得来，要能聊得来**，就能处得来。我遇到很多来访者，就是一开始的时候不重视这种细节，总觉得老夫老妻有什么好聊的，渐渐地，**哪怕同睡一张床，中间也像隔着太平洋**。

想象一下，你居住的街道上有一栋建筑，它的一扇窗户破了，却无人问津。不久后，你可能会发现，其他的窗户也陆续遭到破坏。这种现象，被心理学家称为"破窗效应"。它告诉我们，环境中任何疏于管理的迹象，都可能成为不良行为蔓延的催化剂。

因此，我们必须重视每一次情感交流。无论是在孩子入睡后的深夜，还是在日常的忙碌中找到的片刻宁静，都应该成为我们沟通的时刻。我和我夫人就是这样，无论多忙，我们都会挤出时间，进行心与心的交流。一杯茶，一袋薯片，沙发上的闲聊，这些简单的日常，是我们关系中的宝贵时刻。

我们聊孩子的成长，聊工作中的挑战，聊生活中的点点滴滴。这些交流不仅让我们的疲惫消失，更让我们的关系更加稳固。这些交流是我们关系中的"补丁"，防止了"破窗效应"的发生。不要等到关系出现裂痕才去修补，**不要等到心灵感到距离才去沟通。情感交流不是奢侈品，而是夫妻关系的必需品。**

（2）家庭是两个人共同的舞台

在我们家，没有所谓的"这是你的活儿，那是我的活儿"。我们都是家庭的一分子，都有责任和义务去分担家务、照顾孩子、维护邻里关系。这种灵活的分工，让我们在忙碌的生活中，也能享受到家庭的温馨和乐趣。我和夫人都明白，家庭是两个人共同的舞台。比如，如果我夫人晚上还要工作，我就会主动承担起做饭的任务。有时候我一忙，抽不开身，她也会立马补位上场。**这种事情不需要你有多强的能力，需要的只是耐心。耐心就是不要烦，不要急，而这个的背后是接纳，是包容，更是心疼。**我做咨询的时候，发现有的后妈跟孩子的相处出现问题，细究下去，都是因为本质上有利益冲突，没有真正的心疼。

2）合理使用资源，实现外包

有这么一句话："能用钱解决的事儿，那都不叫事儿。"金钱虽不是万能的，但在育儿这条路上，它的确能帮上大忙。倘若经济条件允许，可以适当使用家政服务，比如聘请保姆或钟点工，确实可以减轻我们的负担，让我们有更多的时间和精力去关注孩子的成长和家庭的其他重要事务。

我曾经遇到一个来访者，说这日子过不下去了，要跟老公闹离婚。为啥呢？就是因为家里的活儿永远干不完，自己累得跟孙子似的。她老公给的钱，她自己都舍不得花，更别提请个钟点工了。结果呢，一累脾气就上来了，脾气一上来，就开始干架，一干架就闹离婚，最后到了离婚冷静期，终于来找我了。

这个案例让我深思，如果她能够更开放地看待金钱的作用，用一部分家庭资金来聘用家政服务人员，或许就能减少很多不必要的矛盾和冲突。家务看似强度不大，却极其消耗时间和精力。通过金钱来优化这部分工作，不仅能够提升我们的生活质量，也能让我们有更多的时间和精力去享受生活的美好，关注家庭的情感交流，甚至投身自我成长。

我提倡金钱的合理利用，而非无度挥霍。在经济能力允许的范围内，用金钱来改善生活质量，减少不必要的矛盾，这是一种智慧。

而且，这些帮手，不管是小时工还是长期保姆，对我们家来说都是团队里的重要角色。我们对她们的感激之情，那是真心实意的。每次阿姨来，嘟嘟都会甜甜地叫一声"阿姨好"，我们也会和她聊聊天、拉拉家常。**这不仅是礼貌，更是咱们教给孩子的一种人生态度：感谢每一个为咱们生活带来帮助的人。**这种教育对于孩子的成长至关重要，它不仅教会孩子如何对待他人，也塑造了孩子对社会关系的理解。孩子会认识到每个人在家庭和社会中的角色和价值，无论他们的工作看起来多么平凡。

3）远亲不如近邻

本杰明·富兰克林曾经提出过一个观点，他说："如果你想交一个朋友，那就请他帮你一个忙。"这句话揭示了人际关系中的一个有趣现象，即人们在帮助别人之后，往往会对那个人产生更多的好感。

所以，对于那些与我们比邻而居、孩子们也能玩到一起的家庭，我们应该大胆地去"麻烦"。在这个过程中，我们不仅仅是在寻求帮助，更是在建立一种基于信任的"互助网络"。

我夫人有个微信群，名字叫"七仙女"。听这名字，是不是感觉仙气十足？其实，这个群里的成员都是我们小区里的"宝妈"。她们因为孩子年纪相仿，又都住在同一个小区，就自然而然地聚在了一起。她们用行动诠释了那句老话："远亲不如近邻。"

每天傍晚，当孩子们放学时，这些"宝妈"的身影成为了学校门口最温馨的风景线。她们互相帮助接送孩子，分享家中的晚餐，这种日常的互助几乎成为了一种仪式。当孩子生病时，她们更是毫不犹豫地伸出援手，互相送药，交流护理经验，那份关切和温暖，如同冬日里的一缕阳光，温暖着每个人的心房。

周末，她们还会组织各种活动，如游泳、普拉提、美发，甚至是亲子露营和聚餐。这些活动不仅丰富了孩子们的生活，也加深了邻里之间的情感联系。这个"七仙女"群，不仅仅是一个微信群，还是我们小区的"情感纽带"，也是孩子们成长路上的"加油站"。在这里，每个人都是孩子成长路上的助力者，每一份帮助都是孩子们心中的温暖记忆。

因此，当你需要一些私人时间，或者想与伴侣享受一个难得的约会之夜时，不妨向邻居求助："姐，今晚我们想出去一下，你能帮忙照看一下孩子吗？"你会发现，总有人愿意伸出援手。

4）向家里亲人求助

家中新添了小生命，喜悦之余，育儿的压力也可能让家庭氛围变得紧张。尤其是当长辈参与育儿时，如何和谐相处，是一门生活的艺术。以下两个建议，或许能为你带来一些启发。

预先沟通：在长辈介入育儿事务之前，彻底的沟通是必不可少的。**无论是孩子的奶奶还是姥姥，是夫妻双方谁的长辈谁负责沟通。**尤其是当长辈需要搬到一个陌生的城市时，沟通显得尤为重要。这有助于避免因不适应或误解而引发的婆媳矛盾或夫妻争吵。

大多数不住在一起的婆媳之间的恩怨，是可以被消解的，最难搞定的是婆媳同住的家庭。如果必须由长辈来照顾产妇，那么最好选择丈母娘。产后的女性由于激素变化，心理上容易出现问题，容易抑郁或暴躁，与周围的人发生冲突。亲娘可以包容一些小委屈，但婆婆可能会因一点儿小摩擦产生长久的怨恨。

学会**抓大放小**：请老人帮带娃时，我们得学会抓大放小，别在细枝末节上纠缠不休。比如，在孩子还小的时候，**安全是第一要务，没得商量。其次是基本的护理和喂养，最后才是培养孩子的良好习惯。别让教育理念的差异成为家庭战争的导火索。**记住，求同存异，不是每件事都得争个你死我活。既然请老人帮忙，就别在小事上斤斤计较。**他们伸出援手，那是情分，不是义务，我们要心存感激，而不是吹毛求疵。**在育儿这场大戏中，我们要分清轻重缓急，知道什么能妥协、什么必须坚守。这样，我们才能确保家庭的和谐，孩子的健康成长。

5）协作不仅仅是一种策略

作为父母，我们不是孤立的岛屿，而是大陆的一部分。我们的每一个决定，每一次互动，都在无形中与他人相连。**正如哲学家马丁·布伯所说："所有真实的生活都是相遇。"**育儿，正是这样一场深刻的相遇，它要求我们与伴侣、长辈、邻里，乃至整个社会相遇、协作。

育儿不是一场个人的战斗，而是家庭的一个共同使命。我们要放下小我，超越自我，去寻求更广泛的联系，去建立更深刻的关系。在与伴侣的默契配合中，我们学会了理解与包容，体会到了共情的力量；在利用金钱带来的资源时，我们学会了权衡与选择，认识到了资源的价值；在依靠邻里的力量时，我们学会了信任与互助，感受到了社区的温暖；在向家里的亲人或长辈求助时，我们学会了尊重与感激，理解了传承的意义。

这种协作，不仅仅是一种策略，更是一种生活艺术。它使我们认识到，每个人的存在都是有价值的，每个人的贡献都是重要的。正如存在主义哲学家让-保罗·萨特所说的，他人是我们的地狱，也是我们的救赎。在育儿的道路上，我们与他人的关系，既是挑战，也是机遇。

在这个过程中，我们学会了如何在不确定性中寻找确定性，在变化中寻找恒常。我们学会了如何在给予中找到自我价值，在奉献中实现自我成长。我相信，你也会开始理解，育儿不仅仅关乎孩子的未来，更关乎我们自己的现在。

4. 父爱如山：父亲的作用是不可或缺的

我常常听到来访者说自己是"丧偶式育儿"，但是另一方面，又有很多妈妈站出来说"男主外，女主内"是天经地义的分工。本节，我想结合自身的经历，从心理学的视角，带你重新理解父亲在孩子的成长过程中到底该扮演什么角色。

1）带孩子是否仅为女性的职责

我相信，你肯定对下面的场景不陌生。

老婆对老公说："你能稍微对孩子上点儿心吗？一天天地回到家就玩游戏，成天就是我在带孩子。这孩子是你亲生的吗？"

老公反驳道："我哪有一天天地玩游戏，而且我刚下班回来休息一下怎么啦？再说了，带孩子本来就是女人的事啊。"

老婆抓狂："谁说这只是女人的事？你说的像话吗？带孩子你觉得很简单是吗？简单的话，你来带啊！"

老公又顶嘴："带就带啊！有多难似的。你别以为自己有多苦，你以为现在钱那么好挣吗？我就不辛苦吗？"

在很多家庭里，男人认为"男主外，女主内"，觉得自己只要"两耳不闻家务事，一心只赚养家钱"，就算尽到了责任。这种观念其实挺根深蒂固的，毕竟在过去，男人的角色就是家里的"顶梁柱"，负责"养家糊口"，而养育孩子则更多地是女人的事情。

但时代变了，现在我们追求的不仅仅是"有瓦遮头，有米下锅"那么简单。随着女性教育水平的提高和职业机会的增加，越来越多的家庭开始实行双职工模式。在这种情况下，男性也需要参与家庭内部的事务，包括孩子的抚养和教育。对于教育后代这个任务，不仅需要父亲参与其中，而且其作用是不可或缺的。

奥地利心理学家弗洛伊德指出："我想不出比获得父亲的保护

更强烈的儿童需要。"英国教育家斯宾塞也强调："父亲是孩子通往外部世界的引路人。"在孩子的成长过程中，父亲这个角色是引导孩子认识世界、探索未知领域的关键。所以，古人云"养不教，父之过"，而不是"养不教，母之过"。

在育儿中，父母的分工有所不同：

· 母亲往往聚焦于"养育"，她们为婴儿提供必要的营养和情感依赖，确保孩子在心理和生理上都能健康成长。

· 相对地，父亲的职责则更多地涉及"教育"，他们负责向孩子传授知识、技能和生活智慧，引导孩子成为能够独立思考和生活的个体，进而为社会做出贡献。

心理学家发现，在孩子眼里，父亲不光是那个保护他们、教他们学东西的人，更是他们成长路上的标杆。父亲这个角色，就像是孩子成长的营养剂，父亲对孩子的影响是全方位的。具体会有哪些影响呢？下面进行分析。

2）性别认同：儿子模仿的榜样，女儿的"前世情人"

在孩子的性别角色发展和行为塑造方面，父母双方都扮演着重要的角色，但父亲的影响力可能更为显著。尤其是对男孩子来说，父亲往往是他心目中的第一个榜样。如果一个男孩在成长过程中缺少父亲的陪伴，他可能会变得不那么有攻击性，甚至有点儿女性化。

心理学上有个名词叫作"恋母情结"（也称"俄狄浦斯情结"），这个概念最初由弗洛伊德这位心理学的奠基人提出。这个概念描述的并不是男孩"恋母"，而是他们内心深处有取代父亲、成为母亲的依靠这类想法。

据说在提出这个概念时，弗洛伊德是从一个古希腊神话故事中得到的灵感。故事里的俄狄浦斯王子无意中杀掉了自己的父亲，并娶了自己的母亲。弗洛伊德用这个故事来阐释男孩如何通过模仿和超越父亲来建立自己作为男性的身份。

对于女孩来说，情况则相反，她们往往会把父亲当作未来寻找伴侣的标准。就像俗话说的，"女儿是父亲的前世情人"。"恋父情结"（也称"伊莱莎情结"）这个概念据说来自古希腊神话中的爱烈屈拉公主，她的母亲和母亲的情人合伙谋杀了她的父亲，她为了给父亲报仇，杀死了自己的母亲。父亲对女孩来说不仅是情感上的依靠，也是安全感的来源。父亲往往是女儿心中的第一个白马王子。如果女孩在成长过程中缺少父亲的陪伴，她们在青春期可能会变得比较害羞，不知道怎么和异性相处。

在性别认同上，父亲的作用就是榜样。男孩通过努力成为一个更强大、更优秀的父亲而成长为男性，而女孩则以父亲为模板去想象未来的另一半。

3）性格养成：探索精神的塑造

孩子的性格养成需要无数次地与父母互动，在这个过程中，父母传递的信息是不一样的。母亲更多地是让孩子学会关心别人、温和、善良，而父亲教授的更多是坚强、勇于冒险、热情、乐观。

母亲的爱就像家常便饭，不一定每顿都是大鱼大肉，但总是那么合胃口，那么让人心安。这些爱，藏在那些不起眼的细微之处：孩子早上匆忙出门时塞给他的苹果，孩子晚上熬夜写作业时端来的那杯热牛奶，孩子受了委屈时的那句"别难过，妈妈抱抱"。

父亲的爱更像一辆老旧的自行车，虽然不起眼，但却能载着孩子到处跑，经历风雨。父母的存在，不单起到陪伴作用，更带来一种力量，一种让孩子在成长的路上更加坚定和自信的力量。父亲通常通过对抗性体育运动或者一起探索陌生领域来与孩子互动。在那些具备一定强度的活动中，父亲帮助孩子逐渐形成刚毅果敢、敢于挑战和对抗挫折的能力。父亲可能不会经常把"爱"字挂在嘴边，但他的爱就体现在那些看似不经意的瞬间：在孩子摔倒时伸出援助的手，在孩子遇到难题时说句"来，咱们一起想想"，在孩子想尝试新事物时说声"去吧，大胆点"。

我记得有一个周末，我带嘟嘟去郊外的小溪边。他看着潺潺的溪水，脚步犹豫了，不敢走近。我蹲下身，微笑着问他："嘟嘟，你看那些勇敢的小鱼，它们不怕水流，你呢？"他眼中闪过一丝坚定，小声说："我也可以像小鱼一样勇敢。"我鼓励他看准眼前的石头，一步步稳稳地跨过去。当他成功到达对岸时，兴奋地跳着说："爸爸，我做到了！"我抱起他，告诉他："你看，勇气就是这样一步步积累起来的。"

你会看到，父爱的特殊性在于，通过这些具体的生活场景教会孩子如何勇敢面对挑战，如何从错误中学习，如何承担责任，如何坚持不懈，以及如何对世界保持好奇。

心理学的研究表明，父亲的行为对孩子的勇气和冒险精神的培养具有独特影响。所以，与孩子和母亲之间的依恋关系不同，父亲和孩子的关系是一种激活关系，这种关系诱发了孩子对外部世界的好奇，而通过成功探索积累的经验又使孩子获得新的信息，从而对未来、对陌生环境表现出勇气，促进孩子外向发展。这也是为什么在没有父亲的家庭中，孩子常常害怕走出家门与其他人交往。

4）价值观：金钱观与善恶是非观的培育

在孩子的成长过程中，父亲的角色不仅仅是家庭的顶梁柱，更是孩子认识世界、形成价值观的重要引导者。我曾经看过《曾国藩家书》《诫子书》《傅雷家书》《洛克菲勒给孩子的 38 封信》，以及吴军老师的《态度》、清崎的《富爸爸穷爸爸》等以父亲的言行作为教育标本的著作。每一位父亲都需要通过日常生活中的点点滴滴，教会孩子如何适应社会，如何处理金钱，以及如何在复杂的世界中辨别善恶。

正确的金钱观对孩子的一生都有深远的影响，比如以下三点。

· **首先，父亲应该教会孩子，金钱不是衡量一切的标准**。在现代社会，金钱的重要性常常被过度强调，我们需要让孩子明白，金钱虽然能够提供物质上的舒适和便利，但它买不来健康、家庭和谐、真挚友情和内心平静。父亲在外面"征战四方、攻城略地"的时候，也应该通过自己的行为和言语，向孩子展示出对金钱的健康态度，让孩子看到生活中有比金钱更重要的东西。比如，什么才是真正的幸福，以及金钱在其中扮演的角色。

· **在金钱往来方面，要教会孩子"防人之心不可无"**。金钱本身是中性的东西，没有对错，在借钱这个问题上，我相信你应该栽过跟头，留下过阴影。这也是在培养孩子金钱观的过程中的一个重点——你得让孩子看到真实的世界，不仅有阳光的一面，还有灰色的、不光明的，甚至黑暗的一面。要教孩子怎么应对麻烦、怎么保护自己。如果你签过大额合同，就会知道合同上的条条框框会让人头晕目眩。为什么大额合同有那么多页？因为每项条款都是为了防止将来出现纠纷。比如借钱这事儿，借款人过去的表现不重要，重要的是将来他能不能兑现承诺。现实往往很残酷，很多人在金钱面前，承诺都是脆弱的，除非有强制力，要么有抵押物，要么受法律约束，才可靠。这不是说要怀疑每个人，而是要保持警惕，因为不愿还钱是人性的痼疾，因为钱对人的诱惑很大。

· **父亲应该与孩子开放地讨论金钱话题**。我们要让孩子知道讨论金钱问题是正常的，这有助于他们形成健康的金钱观念，不要宣扬"谈钱伤感情"之类的论调。父亲可以通过分享自己的金钱管理经验，包括成功的和失败的，来教育孩子如何避免落入金钱管理中的常见陷阱。例如，近几年有不少年轻人辛辛苦苦攒的钱，因为轻信一些不靠谱的借贷平台，一夜之间就没了。这就是金钱教育没到位的后果。"天下熙熙，皆为利来；天下攘攘，皆为利往。"你仔细想想就知道，世界上的明争暗斗大多数都和金钱脱不了干系。不管你对金钱持啥态度，最后都得和它打交道，你的孩子也一样。

除了金钱观的教育，帮助孩子树立正确的善恶观对于他们的成长也至关重要。

我家孩子虽然还小，但我和夫人清楚地知道：要让他从小就明白，世界上既有善良和美好，也有不公和邪恶。适当了解现实中的阴暗面，其实对孩子的成长同样重要。

我认识一些家长，他们的做法很值得借鉴。比如，有的爸爸会和孩子一起看一些儿童版的侦探故事，通过故事中的情节引导孩子思考什么是对的、什么是错的。还有的爸爸会和孩子一起看《今日说法》这样的法治节目，一起讨论新闻中的事件，让孩子学会从不同角度看待问题。比如，哪怕你再怀疑一个人，在没有确凿证据的情况下，也不应该轻易地对他做出"判决"。这些都是了解社会善恶的好材料。

父亲对孩子的这些教育，虽然看似简单，但却是孩子成长道路上不可或缺的指南。通过这些方法，我们希望孩子能够从小学会分辨是非，理解世界的复杂性。这样，他们长大后就能更好地保护自己，也能更全面地理解这个世界。

5）想跟所有父亲说的话

这些年，我见过不少让人心疼的孩子，其中有一个 17 岁的高中生让我印象深刻。他聪明、有艺术天赋，奖杯多得拿到手软，但他却深受重度抑郁症的折磨，甚至有过三次尝试自杀的行为。他的父母急切地找到我，希望我能帮帮他们的孩子。

那会儿正是夏天，这个孩子来找我，我看到他手臂上一道道自残的疤痕，心里感觉沉甸甸的。最开始这个孩子是完全自我封闭的，随着咨询的深入，孩子慢慢向我敞开了心扉，诉说他内心的痛苦。

他的父母总是忙于工作，尤其是父亲，几乎缺席了他的全部成长阶段，他是姑妈带大的。姑妈虽然照顾得很周到，但孩子心里始终觉得孤独，觉得自己被遗弃了。而且，他父母的关系也不好，家里经常吵架。孩子告诉我，他妈妈曾经三次想带着他结束生命，但都因为他的反抗而停止了。没想到，现在孩子自己也走上了这条路。

虽然这个孩子学习上很优秀，早已成为了"别人家的孩子"，但他的内心却是一片荒芜。他觉得自己是家里的负担，觉得自己不该活在这个世界上。这种自我否定和绝望，很大程度上是因为缺乏父亲的陪伴和关爱。

如果父亲能在孩子成长的过程中，多花时间陪伴，多关注孩子的心理变化，及时发现并解决问题，这个孩子可能就不会走到抑郁和绝望的境地。父亲的陪伴不仅能满足孩子的情感需求，更能帮助孩子建立自我价值感。当孩子感受到被爱、被重视，才能建立起积极的自我形象，拥有面对生活挑战的勇气。

古希腊哲学家亚里士多德说过，教育的根是苦的，但其果实是甜的。如果教育缺少了陪伴，尤其是象征力量的父亲的陪伴，那果实又怎会甘甜？

陪伴，听起来似乎很简单——不就是和孩子在一起吗？但真正的陪伴远不止于此，它不是简单的时间堆砌，而是心与心的交流，是情感的共鸣和支持。当孩子放学回家，兴奋地告诉你今天学校里发生的趣事，或者沮丧地分享他遇到的困难时，最需要的就是我们的倾听。

不是心不在焉地"嗯""啊"，而是真正地聆听，用我们的眼神和回应告诉他："孩子，我在这里，我愿意听你说。"尤其是当父亲的，你的一句"别怕，有我呢"，是孩子心中最踏实的安全感。

5. 状况应对：处理情绪永远是第一步

老人家常说：有什么话不能坐下来好好说？我也主张：先处理情绪，再处理事情。情绪管理是一个大课题，有时候，工作压力、生活琐事，一大堆烦恼事儿堆积在一起，人的情绪难免会变得焦躁。这时候，如果孩子再有点儿小调皮，家长可能就会忍不住，进而造成不可想象的后果。在生活中我见过太多这样的父母，在"管教"的过程中，不知不觉就成了"毒舌"父母。什么是"毒舌"父母呢？下面总结一下。

· **批评为主**："毒舌"父母好像总是戴着一副"找茬儿眼镜"，不管孩子做得多好，他们总能找到问题。比如孩子考试得了98分，他们不会表扬孩子，反而会问："那2分怎么丢的？"这种批评往往会让孩子感到自己的努力没有得到认可。

· **言语打击**：他们的言语中常常带刺，喜欢用讽刺和挖苦来打击孩子。比如孩子帮忙做家务，不小心打碎了碗，"毒舌"父母可能会说："你可真能干，连个碗都拿不稳。"这种言语打击会让孩子感到自己很无能，做什么都是错的。

· **不留情面**："毒舌"父母批评孩子时，往往不给孩子留面子，不管是在家里还是在外面。他们可能会在亲戚或朋友面前数落孩子，让孩子感到非常尴尬、难堪。

- **高期望值：** 他们往往对孩子有过高的期望，希望孩子在各方面都做到最好。一旦孩子达不到他们的期望，就会遭到严厉的批评和指责。这种过高期望会给孩子带来巨大的压力。

- **缺乏鼓励：** 在"毒舌"父母的教育方式中，很少听到鼓励和肯定的话。他们认为表扬会让孩子骄傲，所以总是用打击的方式来"激励"孩子。这种缺乏鼓励的环境会让孩子感到自己不被父母喜爱。

"毒舌"父母会给孩子带来哪些影响呢？我认为包括但不限于以下5点。

（1）自尊心受损。 长期处于上述言语环境下，孩子的自尊心会受到严重打击。他们可能会开始怀疑自己的价值，变得自卑、胆小，不敢尝试新事物。我听过很多孩子跟我说："每次我尝试做点儿什么，爸爸妈妈就会说'你做得不对'或者'你太笨了'。我开始觉得自己真的不够好，也许我真的就这么笨吧。"

（2）沟通障碍。 孩子尝试分享学校里的趣事："今天我们班……"父母却不耐烦地回应："这些没用的事情有什么好说的？你作业做完了吗？"孩子的笑容凝固了，心里默默想："我只是想让他们开心一下，看来我不应该说这些。"在这种情况下，孩子会变得不愿意和父母沟通，因为他们知道，不管说什么，得到的都是批评和讽刺。这种沟通障碍会影响亲子关系的建立。

（3）社交困难。 孩子可能会模仿父母的行为，在与人交往时也变得尖酸刻薄。这会影响他们与同龄人的关系，让他们在社交中遇到困难。我就见过在学校的操场上，一个孩子看着其他孩子玩耍，也想加入，却因为害怕被拒绝，用尖刻的话语来掩饰自己的不安："你们玩得这么无聊，我才不想加入。"其他孩子疑惑地看着他……后来我与这个孩子交流，得知他当时心里想的是："其实我很想和他们一起玩，但害怕他们不接受我。"

（4）**情绪问题**。长期被言语伤害，孩子可能会出现焦虑、抑郁等情绪问题。他们可能会变得敏感、多疑，对他人缺乏信任。我相信，如果你也曾经被父母打压过，一定有过这样的经历：晚上，躺在床上，辗转反侧，心里充满了不安，"今天妈妈又说我不够努力，我是不是真的做不好任何事情？"眼泪不自觉地流下，"我已经很努力了，为什么他们总是看不到？"

（5）**学习动力减弱**。如果孩子在学习上总是得不到认可，他们可能会失去学习的动力，甚至产生逆反心理。他们可能会想："反正不管怎样父母都不会满意，那我干脆不努力了。"

这就是"毒舌"父母会给孩子带来的负面影响，有时候还会升级成家庭暴力。"毒舌"不仅不是一个好的教育方式，而且会给孩子带来深远的负面影响。咱们都知道这是不对的，但情绪一上来，有时候就是控制不住。那么，我们该怎么调整自己的情绪呢？

根据心理学家阿尔伯特·艾利斯提出的情绪 ABC 理论，引起人们情绪困扰的不是事情的本身，而是人们对事情的认知和看法。

情绪 ABC 理论的核心观点如下。

· **诱发事件（Activating Event）**：就是那个让情绪冒头的导火索。比如，孩子拿着一张满是红叉的试卷回家，或者你工作中的提案被老板否决了，这些都是诱发事件。

· **信念（Belief）**：这是关键，就是咱们对所发生事情的看法。在这个理论中，让自己不陷入情绪漩涡的方法，就是纠正自己的不合理信念，也就是改变看事情的角度。

· **后果（Consequence）**：这就是最后的结果，咱们的情绪会根据前面所说的信念做出反应。如果你生气了，可能会对孩子大吼大叫；如果你只是有点儿失望，可能会耐心地坐下来，跟孩子一起分析原因。

那对于这种情况，我们该如何处理呢？可以参考"理情行为疗法"（Rational Emotive Behavior Therapy，REBT）进行实操。

还是拿孩子考试成绩不佳作为案例。孩子这次考试不及格，这是诱发事件。这时候，你可能会有几种想法：孩子学习偷懒？那你可能要"火山爆发"了；但如果你心里想的是："孩子最近挺努力的，这次没考好可能就是因为运气不好生病了。"或者是："这次考试刚好考到了孩子不懂的知识点，真好，又发现了一个可以进步的方向。"那你可能就会冷静多了。

很多时候，我们的第一反应并不完全客观、合理。我们的想法，只是基于自己的经验和情绪构建的一个版本，并不能全面体现事实的全貌。就像那句老话说的："一千个读者眼里有一千个哈姆雷特。"每个人对同一件事情的理解和感受是不同的。有时候，你需要质疑自己的想法："你怎么知道你认为的就是对的呢？"你可能需要更多的信息、更多的视角来更全面地了解情况。比如，你可以和孩子坐下来，耐心地聊一聊，听听他怎么说，试着从他的角度去理解问题。

要记住，你的想法仅仅是"你的想法"，它不代表事实的真相。这个世界上没有绝对意义上的真相，只有对事实的不同角度的解读。这些解读，只是每个人对事情的理解，而不是事情本身。

用更合理的信念去替代那些不合理的想法，咱们就能更好地认识情绪、调整情绪，把情绪的钥匙握在自己手里。

情绪这东西，就像一股洪水，光靠堵是堵不住的，得学会去疏导。只有咱们自己的情绪稳定了，才能用平和的心态去面对孩子，才能用理性的方式去教育孩子。**慢慢地，咱们就能成为情绪的主人，而不是情绪的奴隶。**这样，无论是育儿还是日常生活，咱们都能更加从容不迫，和孩子也能更和谐地相处。

再有，咱们应该学会心口如一地表达情绪。

在和孩子相处的过程中，咱们做家长的有时候可能会觉得：为了孩子好，得把自己的心情藏起来，总是笑脸相迎，好像是个不倒翁似的。其实，真实地表达自己的情绪和感受，做到心口如一，这才是更健康的相处方式。

心口如一，说白了，就是不藏着掖着。咱们都是吃五谷杂粮的，有乐呵的时候，自然也有闹心的时候。如果咱们总是掩饰自己的情绪，孩子可能会觉得，父母是深不可测的，这会让他感到不安全。孩子需要一个稳定的环境来成长，而父母的情绪稳定是一个重要的因素。

心口如一有啥好处？

· **建立信任：**你跟孩子掏心窝子，孩子就觉得你这人靠谱，对你的信任感自然就加深了。孩子知道，无论发生什么，父母都会坦诚相待，这种信任是良好亲子关系的基石。

· **情绪教育：**孩子看你怎么处理情绪，他也会潜移默化地学习怎么管理自己的情绪，这是比任何课堂教育都来得直接和有效的生活教育。

· **沟通顺畅：**你把心里话都说出来了，孩子自然能明白你的意思，沟通起来就没那么费劲了。孩子会知道，父母也有自己的感受和顾虑，这有助于他学会尊重和理解他人。

· **避免误解：**你要是总把话藏在心里不说，孩子可能感觉猜不透你，会以为你不在乎他。心口如一可以避免这种误解，让孩子明白你的真实想法。

怎么心口如一地表达？

· **用"我"语言：** 比如"我今天工作很累，有点儿不高兴"，而不是"你让我不高兴""你好烦啊""别吵我了"……这样的表达方式可以避免让孩子感到被指责，也能让他理解你的情绪来源。

· **温和表达：** 就算不高兴，说话时也尽量别跟吃了火药似的，孩子听了会怕。孩子对父母的情绪非常敏感，温和地表达可以减轻孩子的焦虑感。

· **解释原因：** 告诉孩子为啥你会这样，比如："我担心你一个人在外面不安全，所以心里着急。""我担心你，因为你还没回家。"这样可以帮助孩子理解情况的严重性，并学会关心他人。

· **寻求支持：** 有时候，你也可以跟孩子说说你需要啥，比如："我现在想一个人静会儿，你能自己玩会儿吗？"这样可以教会孩子尊重他人的感受，也会让他知道，父母也有需要帮助的时候。

咱们都是第一次当父母，一起慢慢学、慢慢来，生活总会给我们惊喜。记住，每一次情绪波动都是一次学习的机会，每一次与孩子互动都是在搭建关系的桥梁。让我们用耐心和智慧去引导孩子，用爱和理解去拥抱生活。这样，无论是风和日丽还是风雨交加，我们都能和孩子一起，手牵手，心连心，共同迎接每一个新的早晨。

6. 守护成长：如何应对孩子遇到的校园欺凌

作为爸妈，当孩子踏进校园，开始新的一天学习时，我们总是希望他的书包里满满装着的不仅是书本，还有快乐和安全。但是，学校里有时可能发生的一些事情，让我们不得不多留个心眼——那就是校园欺凌。

作为家长，我们可能是孩子面对欺凌时的第一道防线，也可能是孩子最坚强的后盾。一旦发现孩子遭受了欺凌，咱们该怎么办？是冲到学校去理论一番，还是先坐下来和孩子好好谈谈？是告诉孩子要强硬反击，还是教会孩子如何聪明地保护自己？

这里，我把能采取的方案一个个地分享给你。

1）查看伤势，出具病假条

在孩子遭受校园欺凌后，家长的首要任务是评估孩子的身体状况。就像处理交通事故需要及时联系保险公司一样，我们需要立即了解孩子的状况，判断伤害的严重程度。随着孩子的成长，处理这类问题将变得更加复杂，假如孩子学会了自卫技能，情况可能会变得更加严重。

如果孩子真的受到了身体上的伤害，例如出现瘀伤或更严重的症状（如头晕、恶心），医生可能会建议休息，并给出相应诊断。如果孩子出现这些症状，我们必须认真对待。

如果孩子因为受到欺负或情绪问题而睡眠不佳、精神不振，我们应该带他去看医生。在医院，向服务台的工作人员说明情况，他们会引导我们找到合适的科室。医生检查后，如果认为孩子需要休息，会开具病假条。这样，孩子可以在家安心休养，同时老师和学校也能了解并理解孩子的实际情况。这个过程不仅是为了孩子的身体能够尽快恢复，也是为了确保孩子能得到学校适当的关注和支持。

2）倾听孩子的心声

这个时候，妈妈的拥抱、爸爸的肩膀都特别关键。你可以轻声对孩子说："宝贝，爸妈知道你现在心里不好受，被人欺负肯定很害怕，很伤心。现在，如果你想哭，就哭出来吧。心里有什么话，都可以随时告诉爸妈。"孩子需要知道，爸妈跟他是一伙的，不仅关心他遇到了什么事，更在乎他心里是怎么想的。当孩子听到咱们这么说，他会感到被理解，也更愿意敞开心扉，把心里的感受倾诉出来。

这时候，咱们千万得管住自己的嘴，别冲孩子说什么"你怎么这么笨"或者"你就不会反抗吗"。这些话听起来像是在教他坚强，但孩子听了，心里可能会觉得是自己的问题，自己要是再厉害一点儿，就不会受这气了。

所以，作为家长，咱们得明白一个道理：孩子受欺负，不是他的错，是那些欺负人的家伙有问题。咱们得站在孩子这边，给他撑腰，让他知道，有爸妈在。咱们要教会孩子，遇到这种事要勇敢说出来，找大人帮忙，而不是自己硬撑。**别让孩子觉得被欺负是自己活该。**

3）做一份笔录

认真的家长最容易被敬畏，尤其是在面对欺凌这件事情上。要是咱们听了孩子随口一说，然后转头告诉老师，老师可能会在心里打个问号，觉得这不过是小孩子闹着玩。但如果咱们把孩子说的每句话都认真记下来，白纸黑字地打印出来，再让孩子签上大名，这事儿立马就显得严肃多了。

跟孩子问询时，咱们得保持冷静，就像侦探一样，把事情的每个细节都问清楚，用那种直白的话写下来，关键的地方就用孩子自己的话来复述。家里谁最沉得住气，就让谁来做这个"侦探"。

这份笔录得清清楚楚地记录如下内容。

· **时间：**把事发日期和时间写准确。这可是基础信息，不能含糊。

· **地点：**出事的地方得讲清楚，不管是学校的操场还是教室，或者校外的那条街。

· **经过：**孩子是怎么被欺负的，是被他人用言语挤对了，还是动了手，或者是网络上的攻击。这事儿得明明白白地记下来。

· **人物：**欺负孩子的人是谁，记下名字，弄清楚是同学还是其他人。

· **起因：**谁先挑的事，是不是有预谋，还是一时冲动。这得弄清楚。

· **牵连：**看看有没有其他孩子也被牵扯进来，是不是有其他受害者。

· **反抗：**孩子有没有尝试反抗，是勇敢地面对，还是忍气吞声。这很关键。

· **工具：**欺凌过程中有没有使用什么工具，或者有没有扔东西。这些都可能影响事情的性质。

· **目击者：**有没有老师或其他同学看到，他们能不能作证。这对于了解事情全貌很重要。

这份笔录，咱们得做得细致，就像拼图一样，每一块都得放到正确的位置。这样做不仅是为了还原事情的真相，更是为了给孩子一个公道。

细节决定成败，还得特别留意，对方有没有对孩子做出不适当的身体接触，如果有，这事儿就严重了，得把性骚扰的嫌疑也写进去。记住，一旦涉及性骚扰，这事儿就不再是小打小闹了，对学校来说这可是个大污点，而且这种消息传得飞快。这事儿，得提前给大家提个醒，因为哪怕是到了高年级，孩子们之间也可能会发生一些离谱的事。比如，有的孩子可能会在女生面前恶作剧，脱男生的裤子。没错，我小时候就亲身经历过。

4）与老师冷静沟通

有了之前的准备，手里攥着病假条、诊断书，还有精心准备的笔录，这时候就可以约老师好好谈谈了。给老师看笔录的时候，记得用那种慢条斯理的语气，就像电视剧里老爷爷劝孙女要懂事一样，忧心忡忡地把自己的担忧说出来——"老师，您看，这事儿要是这么下去，我真担心会出大问题啊……"咱们点出问题，但不激化矛盾；咱们提醒老师，但不指手画脚。作为家长，这种沉着冷静的姿态，才是真正的高招。

记住，咱们要的是解决问题，不是制造新的问题；咱们要的是孩子的安全和成长，不是争个你输我赢。这种以柔克刚、以静制动的策略，才能让咱们在这场没有硝烟的战争中稳稳地占据上风。在这个班级大家庭里，老师是那个拿主意的人，咱们得尊重人家的地位和作用。

你要是能站在老师的角度考虑问题，一开始就聊聊这事儿可能给班级带来的风险，老师嘴上可能不说啥，但心里肯定会感激你，还会觉得愧疚。这就是俗话说的"低调做人，高调做事"。特别是当妈的，最厉害的就是那股温柔又坚定的劲儿。

5）处理原则

在处理校园欺凌的事情上，有几个原则要牢牢把握。

（1）对于那些孩子自己能处理的事情，我们就不要大包大揽。

得让孩子自己动动脑筋，想想怎么解决。记得有个孩子跟我说，他以前因为瘦小，总是被欺负，后来他发现，多跟几个好朋友在一起，就没人敢欺负他了。

为了提高孩子对欺凌的防范意识，我自己在家给嘟嘟编了个简单易记的口诀："一推二喊三跑四叫"。这个口诀能教会他在不同情况下如何保护自己。

·**一推：**如果有人想打你，首先尝试推开对方，保持一些距离，让自己不受伤害。

·**二喊：**推开对方之后，要大声说"你不能打我"，这样不仅能表明你的立场，也能吸引周围人的注意，让其他人知道这里发生了冲突。

·**三跑：**如果对方没有停止的意思，而且看起来比你强壮，还想继续攻击你，那么就尽快离开现场，跑向安全的地方。

·**四叫：**在跑的同时，大声呼救，叫老师或者其他同学帮忙。这样可以让更多人注意到这个情况，及时得到帮助。

这个口诀不仅简单易懂，而且非常实用。我跟孩子曾经在家多次练习这个口诀，确保他在需要的时候能够迅速做出反应。而且，还得告诉孩子，在对方是个大块头的情况下怎么保护自己不受伤害，在对方年龄比自己小的情况下别倚仗力量优势去欺负人。还有，如果同学让一起去欺负别人，应该怎么拒绝，怎么坚持自己的立场。

（2）教育孩子的时候，不能只告诉他以牙还牙是解决问题的唯一办法。

咱们得教会孩子，遇到别人恶意欺负，要懂得保护自己，同时要学会怎么把敌人变成朋友。俗话说得好，"心中无敌，无敌于天下"。如果孩子只会用拳头解决问题，长大了可能就要吃大亏。

我听不少人说过，自己小时候是怎么硬碰硬，最后没人敢欺负的。这方法当然有一定效果，至少很多人都是这么过来的，但时代在变，现在有了更好的方法，咱们也可以尝试。

暴力有时候确实能解决问题，但那不是唯一的办法。这是我的看法。咱们得教会孩子，除了拳头，还有很多其他的方法可以解决问题。比如，用智慧，用沟通，用理解，这些方法都能更好地处理冲突，让孩子走得更远。

（3）不要依靠激化矛盾来获得学校关注。

学校不是根据声音大小来处理问题的地方。有些家长可能认为只有把事情闹大，学校才会重视，但这种做法实际上对孩子并无益处，甚至可能引发更多问题。

在解决问题的过程中，如果学校正在积极处理，家长却急于向教育部门投诉，这可能会让学校感到被动，影响解决问题的积极性。这类似于在工作中，如果下属在上级还未解决问题时就向更高一级领导告状，这不仅会让上级感到尴尬，也可能影响团队的合作。因此，我们应该耐心等待，给予学校解决问题的机会，并通过有建设性的沟通来促进问题的解决。

（4）预防再次出现问题才是关键。

就像孙悟空保护唐僧取经一样，我们的目标是让孩子在学校安全成长，而不是让欺负他人的孩子改过自新。咱们不是法官，也不是校长，惩处欺凌者不是咱们的活。因此，作为父母，咱们需要保持冷静，不被情绪左右。

有时候，老师可能出于一片好心，希望孩子们能握手言和。遇到这种情况，咱们作为家长的，得头脑清醒，清楚地告诉老师："与其追求那种表面上的和气，我们更看重的是孩子每天能在学校里安心学习，快快乐乐。"

心理学中有个概念叫"边界"，说的就是在人际关系中，要清楚地知道自己和别人的责任范围。在这种校园欺凌事件中，欺凌者及其家长需要承担他们的责任，而咱们的责任是保护自己的孩子。

7. 非暴力教养：告别打骂才能教出好孩子

体罚孩子一直是一个敏感话题。有些人认为体罚能让孩子听话，老话说"棍棒底下出孝子"，有的街坊邻居说"不打不成器"。好像孩子不挨点儿揍，就长不大似的。当我还是一个新手家长时，心里也没谱，看着嘟嘟这个小不点，心里想："这小胳膊小腿的，打哪里好呢？"但有时候，他调皮捣蛋起来，又觉得哪儿都能打。随着心理学和教育学相关认识的发展和普及，我们越来越清楚，体罚并不是教育孩子的好办法。

1）为什么有家长打孩子

至于为什么还有家长打孩子，总结起来有下面三点原因。

（1）即时效果的诱惑

现代社会，做什么都讲效率、都重效果，当孩子做了什么把你惹毛了，体罚可能被视为一种能迅速恢复正常秩序的手段。想象一下，你刚刚结束了一天的忙碌工作，回到家里，只想安静地休息一会儿。但孩子却在家里闹得不可开交，玩具散落一地，电视声音震天响。你叫了很多次"赶紧把东西收好",他不仅不收,还跟你顶了一句:"你自己不会收吗?"这时候,你终于忍不住,一巴掌下去,孩子哭了,你的情绪也得到了短暂的释放,然后孩子屁颠屁颠地去收拾东西。这种"立竿见影"的效果,很容易让人产生错觉,认为这是解决问题的最快方法,实际上却忽视了孩子行为背后的原因和长期教育的需要。

而且,这种宣泄方式不仅伤害了孩子,也让家长陷入了更深的内疚和自责。我身边就有很多家长说:"我也不想打他,我也知道他是我亲生的,但是每次就是忍不住想动手!"相信我,深呼吸永远都有用。

(2)传统观念的束缚

在传统的父母眼里,尊重权威是一种美德。他们觉得父母和老师得有点儿威严,孩子才能听话,体罚可以让孩子记住规矩,懂得尊重长辈。这种观念就像家里的老古董,一代代传下来,成了惯例。

我个人觉得,打孩子绝对不是好办法。每次我这么说,总有人警告我:"孩子不听话,你就得管教,该出手时就出手,不然等他长大了,你想管也管不了。"但我还是坚持,教育孩子得用更聪明的办法,不能只靠打。毕竟,孩子是人,不是机器,他们需要理解和引导,而不是惩罚。

(3)缺乏有效方法的无奈

面对孩子的顽皮和叛逆,很多家长感到束手无策。他们不知道如何与孩子沟通,如何引导孩子正确地表达自己的情绪和需求。在无奈之下,他们选择了最简单的方式——打。

我曾经经营过一家少儿演说培训机构。在一个下午,一次口才训练结束后,家长们聚集在教室门口,期待能看到孩子们的学习成果。其中有一位妈妈，期望值很高，希望自己的孩子能在众人面前展示所学，以彰显自己的教育成果。

然而，孩子在种种压力下感到极度紧张和不安，站在众人面前手足无措。他妈妈见状，心中焦急，声音提高，催促孩子："快点儿！给大家展示一下你昨天在家练习的内容。"孩子依旧没有动作，紧张到几乎无法呼吸，面红耳赤。妈妈的耐心逐渐消失，语气中带着怒气："你平时不是练得很好吗？现在怎么不说话了？"孩子在不断催促下变得更加紧张，最终情绪崩溃，哭了起来。

妈妈见孩子哭泣，感到尴尬和愤怒，认为孩子让她在众人面前丢脸。她的情绪失控，开始责备孩子："你怎么这么不争气！让你表演一下就这么难吗？哭什么哭！"在情绪的驱使下，她甚至动手打了孩子。周围的家长对此情景反应不一，有的摇头叹息，有的小声议论。在这种尴尬和压力之下，妈妈仍然坚持自己的立场，对孩子说："如果你不好好练习，那就回家去，别学了！"难以想象，这个孩子会在怎样悲伤和恐怖的环境下成长。

2）为什么不能打孩子

越来越多的研究表明，体罚并不是一种有效的教育手段。它可能会对孩子的心理健康产生负面影响，长期积累会导致孩子出现焦虑、抑郁和攻击性行为。下面几点，可以很好地让我们提高警惕。

（1）你越打，他越不改

体罚就好比你用苍蝇拍去打苍蝇，苍蝇是飞走了，可过不了多久它们又回来了。孩子因为害怕被打，可能暂时服从了，但这只是表面现象，他们心里的"苍蝇"并没有被真正赶走。甚至有可能你越打，他越是不服，越是想反抗，证明自己没有错，心里还嘀咕："我偏不！看你能拿我怎么办。"

（2）你越打，他越崇尚暴力

孩子们的小脑袋里有个"复印机"，他们会把大人的行为"复制"下来，然后在自己的言行中展现。如果家长动不动就来个"硬核"操作，孩子可能会觉得，原来解决问题就得这么"硬核"。当孩子开始模仿家长的暴力行为时，就像打开了潘多拉魔盒，对谁都可能动手动脚。这不是危言耸听，我在居住的小区里就见过这样的孩子，平时一言不合就动手，一问之下，家里多半是这种氛围。

暴力行为会让孩子在学校里树敌，在同学中不受欢迎。在人际交往中，谁能忍受一个动不动就发火、动手的人呢？这不仅会影响孩子的社交，还可能影响他的心理状态，让他变得易怒、焦虑。

所以，咱们得意识到，孩子就像一面镜子，照出了咱们的一言一行。当看到孩子开始模仿自己的不良行为时，咱们家长就得赶紧反思了。是不是平时太急躁了？是不是处理问题的方式太简单粗暴了？咱们得学会控制自己的情绪，用更平和、更理性的方式来引导孩子。

（3）孩子真有可能被打坏

"认知发展理论"是心理学家让·皮亚杰提出的，这个理论告诉我们，孩子是通过探索世界来学习的。如果咱们老拿棍棒或者巴掌来教育孩子，就好比给他的探索之路设了一堵高墙。孩子的好奇心和探索欲，就像被关在笼子里的小鸟，想飞却飞不出去。孩子可能会因此害怕尝试新事物，害怕犯错，因为每次犯错都可能伴随着惩罚。

我们都知道，孩子的创造力很重要。但创造力不是凭空而来的，它来自孩子的好奇心，来自他不断尝试、不断犯错的过程。解决问题的能力也是一样，直接告诉孩子问题的答案并非好方法，要他自己去摸索、去实践。

我常看到这样的场景：孩子想自己用筷子吃饭，但每次尝试都失败了，汤汁滴得到处都是，饭也洒了一地。如果你这时候来一句："烦死了，搞这么乱，你是要我揍你吗？"那他可能以后看到筷子就头大，更别提再次尝试了。

孩子再小，也是一个有血有肉、有想法、有情感的人。想想看，孩子那些调皮捣蛋的行为，其实很多时候是他内心需求的体现或者对环境的反应。他可能是想得到关注，或者是在表达某种不满，又或者是在探索这个世界。

咱们不能用那种咄咄逼人的方法去显摆什么权威，那样只会把孩子越推越远。咱们得蹲下身来，真正去尊重孩子、理解孩子。与此同时，告诉孩子，这个世界有它的规则，有些界限是不能越过的。教育孩子，就是用耐心和爱心去陪伴他，不能光靠打骂，咱们得身体力行。毕竟，**教育的艺术在于引导，而不是呵斥与暴力。**

四、育——品格与能力

1. 自由与规矩：营造张弛有度的环境

孩子到了一定年纪，行为可能会让周围的人感到头疼，甚至有些尴尬。高情商的说法是"这孩子正在探索世界"，低情商的说法就是"这孩子没家教"。但我知道，这真的只是孩子成长过程中的一个自然现象。他们正在学习如何表达自己，探索世界，同时在寻找自己的定位。

在这个阶段，如何在规矩和自由之间找到平衡，是父母需要琢磨的事儿。规矩，是为了让孩子认清界限，知道什么是可以做的、什么是不可以做的；而自由，则是让孩子有机会去尝试、去探索、去犯错，然后从中学习。

规矩不是死板的，需要随着孩子的成长而灵活调整。自由也不是无限制的，需要在规矩的框架内享有。我们要做的，是在这个框架内，让孩子感到被尊重、被理解，同时被引导。

我过去听到过一个说法，叫作"筷子文化"。筷子的一头是方的，另一头是圆的，方的部分能够让筷子待得住，不容易滚动，圆的部分让我们好夹菜，而且放到嘴里再贴切不过了。所谓"无方不立，无圆不成"，这话用在育儿上再贴切不过了。方，就是指我们定的规矩，圆就是我们给的自由。我对孩子的要求——"思想天马行空，行为脚踏实地"。

当然，你可能心里会嘀咕：怎么在规矩和自由之间找到那个平衡点呢？别急，接下来细说四个小窍门，以便在规矩与自由之间找到平衡。

1）思想自由与行动规范要结合

孩子的思想应当是自由的，是无拘无束的，要允许他探索各种

可能性和后果。这并不是让孩子随意行动，而是鼓励他思考自己行为的原因，培养对自我的清晰认识。孩子可以梦想成为任何他想成为的人，例如像马斯克一样想上火星，但在行动上，他今晚该几点睡觉还是得几点睡觉。

偶尔要记得平衡两者的比重。这就像是玩跷跷板，一头如果压得太沉，另一头就得松一松，保持平衡。例如，如果我哪天对孩子的行为要求多了些，比如让他整理玩具或者按时睡觉，那我就会在别的地方给他更多的自由，比如让他自己决定晚餐吃什么，或者晚上听什么故事。

反过来，如果孩子在思想上得到了很多自由，比如可以自由地想象自己是一个超级英雄，那在行为上就要给他定一些规矩。比如我会告诉嘟嘟，虽然你可以想象自己会飞，但在家里还是要脚踏实地，不能真的从床上跳下来。这样的平衡会让孩子明白，自由和规矩是相辅相成的。他可以有广阔的思想天地，但在这个天地里要遵守一定的规则。

2）面对感受，要接纳，而非管束

在我们家，我一直坚持一个咨询师面对来访者该有的原则：理解并接纳孩子的所有感受。我相信，每个孩子的情感都是宝贵的，都应该被尊重，而不是告诉孩子有些感觉是正确的、有些感觉则是错误的。所以，我会告诉孩子：**"你所有的感受，无论是开心、生气还是难过，都是正常的，爸爸都理解。"**

我注意到，如果我对孩子的感受和想法表现出不接受，他会更倾向于把这些感受和想法转化为行动。比如，如果他生气了，而我没有好好听他说话，他就会用扔玩具的方式来表达感受。我发现这样的管束没有任何意义。当我耐心地听他倾诉，和他一起探讨他的感受时，他就会思考："我为什么会生气呢？有没有更好的解决办法？"这样，他就能更认真地考虑自己行为的后果。

再如，当他因为好朋友抢了他的玩具而感到愤怒、想要报复时，我首先做的是理解他的感受。哪怕是愤怒，也只是一种自然的情绪反应，没有对错之分，需要被接纳和理解。然而，**理解并不意味着放纵。我们需要教会孩子，想法可以有，但行动上要三思而后行。**我平时看到他快要"犯浑"的时候，就会坐下来和他一起探讨："嘟嘟，你觉得如果我们用报复的方式来解决问题，会发生什么呢？"通过这样的对话，我们引导他思考行为的后果，帮助他学会用更成熟的方式处理冲突。

平时在和孩子聊天的时候，我会避免使用那些听起来像是在批评或评判的词。例如，我不会说"你这么做不对头"或者"你这么想可不行"。相反，我喜欢用一些能引起他兴趣、让他愿意分享的话，比如："你是说真的吗？怎么回事？""为啥你会这么觉得呢？""听你这么说，我挺好奇的，能多告诉我一些吗？"

这种聊天方式，让孩子感觉到他的想法和感受被我重视，他可以敞开心扉，不用害怕被批评。这样，孩子就更愿意跟我分享他的小世界，也能激发他自己动脑筋，想想为啥他会这么想、这么做。**如果你很难做到这一点，那么可以学着先接受自己的各种感受，体会由此带来的改变。**

3）不要事无巨细地管控

在一些家庭里，父母对孩子的生活细节把控得非常严格，有时甚至有些苛刻，孩子会觉得怎么哪儿都是规矩。例如在孩子穿衣服时，父母对孩子说：

"这件衣服不行，颜色太暗了，换那件红色的。"

"别穿那双运动鞋，它们和你的裤子不配，穿我选的那双。"

"你的头发怎么还没梳？快，把发型弄好看一点儿。"

这些父母像严格的指挥官一样，对孩子的穿着打扮有着明确而具体的要求。他们希望孩子在外人面前展现出完美的形象，有时甚至忽略了孩子自己的感受和意愿。在我们家，我倾向于给予孩子更多的自由和选择权。我相信，孩子应该有权利表达自己的个性和喜好，而不是成为父母意志的延伸。这样不仅能让孩子感到自己的选择被尊重，也培养了他独立做决定的能力。

有时，嘟嘟出门穿衣服会犹豫不决，手里拿着两件衣服，转头看着我："爸爸，我穿哪件好呢？"我会微笑着回答："穿你最喜欢的那件，或者你觉得今天想成为哪个英雄，就穿对应的那件。"

"就这件吧，爸爸。"他拿起 T 恤，很开心地换上。这种简单的选择，对孩子来说，是成长的一部分。他在这个过程中不仅学会了根据自己的喜好来做决定，而且体会到了选择带来的快乐。

4）允许孩子犯错

很多家长除了一些底线，还会不断地对孩子输出各种"不能""不要"的指令。在这种情况下，孩子根本不知道自己还能做点儿什么。久而久之，就会看到这个孩子变得越来越怂，许多潜在的品质和能力就此被扼杀。我认为，好的教育不是把孩子放进一个完美无瑕的泡泡里，而是让他在现实世界里学会摸爬滚打。犯错，其实是孩子成长过程中的必修课。

比如，孩子在一岁多的时候，开始对餐具感兴趣，想自己动手吃饭。这时候，有的家长可能觉得孩子太小，会吃得满身满脸都是，衣服、桌子、地板，无一幸免。于是，家长选择继续喂饭，不让孩子自己尝试。这样做，其实是在剥夺孩子学习独立的机会。孩子在三四岁时，开始想自己穿衣服。虽然一开始可能会穿得慢，或者穿反了，但这个过程对培养孩子的动手能力和独立性是非常有益的。有的家长因为看不下去，就不耐烦地替孩子穿好。这种不耐烦，就阻碍了孩子自主学习。

再如，孩子想帮忙洗碗。有的家长可能担心孩子洗不干净，或者会打碎碗，就不愿意让孩子参与。其实这种参与感和责任感的培养对孩子的成长非常重要。即使孩子一开始做不好，甚至搞砸了，这份勇气和参与感也是非常宝贵的。

在孩子成长的这条路上，咱们得像精明的调酒师，把行为规范和思想自由这两杯酒调得恰到好处。在孩子还小的时候，他的社会经验薄得跟一张白纸似的，判断力还在"试用期"，自控力更是时灵时不灵。这会儿，咱们得像贴身保镖一样，多盯着点儿，别让他在行为上太"放飞自我"。

等孩子渐渐长大了，见识多了，能自己判断东南西北了，自控力也升级到了"2.0版"，咱们就得学着慢慢放手，让他在行动上能有更多的"自由行"。当然，自由也不是免费的午餐。孩子得明白，随着自由度的提高，他得为自己的行为买单，学会承担责任。所以，咱们的任务就是一边随着孩子的成长调整规矩的松紧，一边教会他自由不是乱来，而是在明白后果的基础上做出明智的选择。我们既是引导者，又是啦啦队，在合适的时候进行提醒，也为孩子加油鼓劲。

2. 自律养成：掌握自我驾驭的核心秘密

自控力是什么？说白了，就是能让人为了将来实现大目标而忍住眼前小诱惑的本事。想想看，如果你家孩子在学习时能不因游戏机而分心，或者看到好吃的零食也能控制住不猛吃，那他将来会拥有怎样的人生?

等这样的孩子长大了,工作了,他往往能更好地安排自己的时间和金钱,在工作上也能更成功。他对自己了解得更深,自信心也更强,不会因为一时冲动而做出让自己后悔的事。到了中年,这些好习惯和能力还能帮他得到更高的社会地位、更稳定的家庭生活,还有更健康的身体。我们来看看下面这个实验。

1)著名的棉花糖实验

棉花糖实验是斯坦福大学的心理学家沃尔特·米歇尔(Walter Mischel)教授进行的一系列心理学实验,也被称为"延迟满足实验",用来测试孩子的自控力。

这个实验大概是这样的:想象一下,你是一个小孩子,一个大人把你带进一个房间,桌子上放着一块棉花糖。这个大人告诉你,他需要离开房间一会儿,如果你能等到他回来再吃这块棉花糖,就会得到额外一块棉花糖。但是,如果你等不及,可以现在就吃掉它,不过就只有这一块了。

这个实验的关键在于看孩子能不能忍住不马上吃掉棉花糖。有些孩子可能会立刻吃掉,因为他们实在忍不住棉花糖的诱惑。而有些孩子可能会用各种方法分散自己的注意力,比如捂住眼睛、唱歌或者玩自己的头发,这样他们就能等到大人回来,并获得两块棉花糖。

这个实验发现,那些能够等待并得到两块棉花糖的孩子,长大后在很多方面都表现得更好,比如学习成绩、社交能力和身体健康等。这说明自控力这个品质对于一个人的长远发展是很重要的。

我时不时地就会对孩子做一次延迟满足训练。有一次,嘟嘟的小舅送了他一盒超酷的乐高四驱车。这小子的眼睛都亮了,一看就知道,不拼完他是不会罢休的。可问题是,已经快到睡觉的时间了。

我想了想，这是一个测试"延迟满足"的好机会。我跟他说："嘟嘟，现在有两个选择。A是今天晚上拼个够，但以后就没有新的乐高玩具玩了。B是现在去睡觉，以后还能得到更多更酷的乐高玩具。你自己决定吧。"

嘟嘟一开始有点儿不高兴，眼泪都快掉下来了，嘴里喊着"要拼要拼"。我看着他，心里有点儿不忍，但还是坚持让他自己选。过了一会儿，他终于点了点头，选择了B。我抱了抱他，说："嘟嘟，为了将来能得到更好的东西，你抵抗住了现在的诱惑。这就叫作延迟满足。很多大人都做不到，但是你做到了，很棒！"

第二天，我问他："昨晚我们学了一个新东西叫什么来着？"他想了想，笑着说："延迟满足！"

在这个过程中，有几点特别重要：

· **让孩子参与决策**：让他感到自己被尊重，从而更有责任感。

· **清楚地说明后果**：让孩子明白每个选项背后的意义。

· **坚持原则**：决定了就要坚持，这是培养孩子自控力的关键。

· **及时表扬**：对孩子的合理选择给予肯定，从而增强他的自信。

· **回顾和强化**：事后和孩子一起回顾，帮助他理解和记忆。

这次简单的选择让嘟嘟学会了"延迟满足"的技巧，并且感受到了随着学会自我控制而来的成长快乐。作为父母，我们的任务是成为孩子的引导者和支持者，帮助他在成长的道路上走得更加稳健和自信。

具有较强自控力的孩子并不是生来就对诱惑免疫。当冲动来袭时，他们并非仅靠咬牙坚持来忍耐，而是运用各种巧妙的认知策略来平息冲动。那些在自我管理方面遇到更多麻烦的孩子，可能更容易成为冲动的牺牲品。

沃尔特·米歇尔教授的研究表明，即便孩子的前额叶皮质尚未完全发育成熟，父母依然可以通过正确的引导帮助他纠正错误的认知模式，并增强他的自控力。

同时，有一些研究指出，孩子的家庭背景和早期教育对其在实验中的表现有很大的影响。如果孩子来自一个能够更好地维护其自尊心、环境良好的家庭，则更有可能选择等待并获得额外的棉花糖。这表明，孩子的自控力并不仅仅是个人特质，还与他所处的环境和经历密切相关。这也是"穷养儿，富养女"这个观点如此深入人心的原因之一。

2）为什么要"穷养儿，富养女"

想象一下，家庭就像一个花园，孩子们就是园中的小花苗。有些小花苗生长在肥沃的土壤里，有些则生长在贫瘠的土地上。父母的教育方式就像园丁照料花草的方式。

有心理研究发现，对于女孩来说，如果生长在肥沃的土壤里，也就是家庭条件比较好，那么她们往往能更好地控制自己的行为，而园丁怎么照料，似乎对她们的自控力影响不大。换句话说，女孩的自控力好像更多地是家庭条件给的，而父母的教育方式影响不大。这就是所谓的"女孩儿要富养"。

对于男孩，情况就反过来了，家庭条件好与不好，对他们的自控力影响不大。但是，如果父母严格要求孩子，给他们适当的挑战，那么他们就能更好地控制自己的行为。也就是说，男孩的自控力不是靠家里有钱养出来的，而是靠父母提供的挑战和锻炼机会培养的。这就是所谓的"男孩儿要穷养"。**这种观念的形成与性别角色和亲代投资理论有关。**

·首先，性别角色观念在中国社会中仍然根深蒂固。在传统观念中，女性被期望承担更多的家庭和育儿责任，而男性则被期望成为家庭的经济支柱。这种角色分配导致家庭对女性和男性的期望与投资不同，女性被鼓励追求稳定和安全，而男性则被鼓励去竞争和奋斗。

·其次，亲代投资理论指出，由于女性在生育上的生物学投资（如怀孕和哺乳）比男性大，因此她们在选择伴侣时会更加谨慎，以确保后代有最佳的养育环境。相反，男性为了传递基因，可能会更加注重获取资源和地位，以便吸引伴侣。

在这样的背景下，"穷养儿"意味着鼓励男孩多经历挑战和困难，以培养他们的独立性和解决问题的能力，这对他们将来在竞争激烈的社会中立足是有益的。"富养女"则强调为女孩提供更多的资源和机会，以拓宽她们的视野，增强她们的自信和社会地位，使她们能够更好地选择自己的未来。有句老话"从来富贵多淑女，自古纨绔少伟男"，讲的就是这个道理。

那么，抛开性别的差异，在更好地增强自控力这件事情上，我们可以为孩子做些什么呢？下面介绍三种方法，值得一试。

（1）角色代入，塑造英雄感

无论是奥特曼，还是齐天大圣，这些虚构的英雄人物都承载着特定的教育意义。国产游戏《黑神话：悟空》爆火的关键原因之一，不就是因为孙大圣"苦练七十二变，笑对八十一难"的精神根基吗？在写本节内容的时候，我问过身边一个在事业上非常成功的学姐："你小时候有什么偶像吗？"她说："我从小就喜欢花木兰和武则天，常常用她们的故事来催眠自己，希望有朝一日能够有所作为。"

通过这样的角色代入，孩子也可以从更广阔的视角、更高的维度来看待问题，从而变得更加冷静和理性，而不是任由自己的本能为所欲为。这种方法实际上就是心理学所说的"蝙蝠侠效应"。

在我儿子五岁的时候，小姨为他买了一块小天才手表，他兴奋极了，满世界地加好友，然后一个接一个地打电话，迫不及待地告诉所有人他有了"新宠"。这时，我告诉他："这块手表是一个可以让你学习和交友都变得更强大的工具，但同时，爸爸也要提醒你，所有强大的力量都需要被恰当地使用。你最喜欢的蜘蛛侠也知道何时使用力量，何时要克制。你是爸爸心中的超级英雄，你也得知道怎么利用它变得更强，而不是让它毁了自己。明白了吗？"经过一番沟通之后，嘟嘟的自控力显著提升，他开始理解何时应该使用手表，何时应该将其关闭。

"蝙蝠侠效应"表明，当孩子在生活中完成任务，如扮演蝙蝠侠或爱冒险的朵拉等角色时，会变得更加努力。研究人员发现，扮演第二自我可以帮助孩子专注于完成复杂的任务。在这个效应的作用下，孩子不是从自己的视角出发，而是从他崇拜的英雄的角度来看待挑战。这样，他就会更加冷静和理性，也更有解决问题的动力。

通过这样的教育方式，孩子会明白自控力的重要性。这不仅仅关乎玩具或工具的使用，更是关乎如何在日常生活中做出明智的选择。

（2）学会描绘未来

猴子都知道要往香蕉比较多的树上爬，趋利避害是人类的本能。但很多孩子在写作业时容易分心，总想着外面的世界，这是因为他们没能认识到专注带来的益处。他们可能不明白什么是"两利相权取其重，两害相权取其轻"。究竟应该现在就看电视，还是先完成作业再去享受游戏，哪个选择更有利？在这种情况下，要引导孩子合理使用跟时间有关的词汇去思考，帮助他预见长远的利益，这样他就更有可能较好地约束自我，持之以恒地完成任务。

给孩子描绘未来可以提升其自控力，这是有科学依据的。有一项研究发现，那些经常使用跟时间有关的词汇的孩子，比如会说"我'马上'就能写完作业"，或"我'等一下'就能去玩了"，更有能力做到延迟满足。

所以，为了帮助孩子集中注意力，我会用跟时间有关的词汇给他描绘一个美好的未来："你看，这些作业很快就能解决，一旦完成，你就可以去做真正想做的事情，比如搭建你的乐高城市，或者和朋友一起出去骑车。那时候，你可以尽情地玩，没有任何压力。是不是想想都让人激动？"

（3）看到事物更深的一面

其实对于任何诱惑，我们都可以带着孩子去探究其背后的真实情况，而不是仅仅被其外表所吸引。我的朋友跟我说过，他的儿子在小时候，每次吃饭都想吃很多米饭。为了帮助孩子理解并控制这种渴望，他采取了一种巧妙的方法。

他对孩子说："既然你这么喜欢吃米饭，我们来研究一下米饭到底包含什么吧！"他们一起查看了营养信息，了解到一碗（大约 200 克）煮熟的米饭大约含有 50 克碳水化合物。他进一步解释，每个人每天的碳水化合物摄入应该适量，尤其是对小孩子来说，过量的碳水化合物摄入可能影响健康，比如变胖。

"你可以选择吃你想吃的东西，"他对儿子说，"但是我们需要确保你不超过每天的碳水化合物摄入量，不然可能会变肥。你觉得怎么样？"他儿子认真地点了点头。

接着，他们一起计算了每天吃多少米饭、多少面条、多少土豆会超过这个限量。通过这样的计算，孩子开始对食物的营养标签产生兴趣，他开始主动查看食品的营养信息，将计算碳水化合物摄入量变成了一种游戏。渐渐地，他对米饭的渴望就没有那么强烈了。

在佛教故事中有这样一个典故，天神为了试探佛陀的修为，送给他一名美女。但佛陀看世界跟普通人不一样。他看美女，不是看皮囊，而是一眼看到身体里面的五脏六腑，还有排泄物等令人作呕的东西。一想起这些不干净的东西，哪还有什么心思去动别的念头呢？这种"不净观"就是佛教里用来帮助人们不去贪恋美色的方法。佛陀之所以不被这些表面的美所迷惑，就是因为他看到了更深层次的东西。

在本节中，我们探讨了如何培养孩子的自控力，这是一个关乎他们未来是否能成功的重要技能。心理学家华生曾经有过一句大胆的宣言："给我一打健康的婴儿，并在我自己设定的特殊环境中养育他们，那么我愿意担保，可以随便选择其中一个婴儿，把他训练成为我所选定的任何一种专家——医生、律师、艺术家、小偷，而与他的才能、嗜好、倾向、能力、天资和祖先的种族无关。"这句话虽然有些极端，但它强调了环境和教育在塑造个体行为上的巨大力量。

我们的孩子就像一张白纸，而我们的引导和教育就是画笔，能够在白纸上绘制出丰富多彩的图案。自控力的培养不是一蹴而就的，它需要我们在日常生活中不断地引导、激励和耐心地教育。通过设定规则、鼓励自我反思和提供适当的奖励，我们可以帮助孩子建立起强大的自控力。

3. 时间掌控：让孩子告别拖拉的策略

你有没有遇到过这样的早晨：闹钟丁零零响个不停，孩子却像被粘在床上一样，怎么叫也叫不醒；早餐都摆上桌了，他在那儿挑来挑去地选衣服；眼看着时间一点点过去，他还在那儿慢吞吞地系鞋带。你这边急得团团转，他那儿却好像在度假似的，一点儿也不着急。

孩子们磨磨蹭蹭，好像成了家常便饭，让爸妈们头疼得很。但别急，这事儿也不是没辙。其实，咱们大人有时候不也是拖到最后一刻才干活吗？孩子们拖拖拉拉，背后也有他们自己的原因，不是故意跟大人作对，这是由孩子们的成长特点决定的。本节将一起探讨孩子拖拉、磨蹭的各种原因，以及如何通过一些实用的方法和策略，帮助他们逐步告别拖拉，成为时间管理的小能手。

1）孩子为什么拖拉

首先，思考一下孩子拖拉、磨蹭背后的原因。

（1）注意力容易分散

孩子们生来就是多任务处理"大师"，只不过他们处理的是自己的好奇心。**孩子们的注意力总是集中在新奇和有趣的事情上，这其实是他们探索世界的方式。**比如，他们可能会对水龙头里的水流充满好奇，并不是真的在"磨洋工"。要想让他们专注于手头的任务，我们可能需要一些耐心。

（2）没有时间观念

孩子们对高矮、胖瘦、大小这些具象化的东西有概念，但是对时间这种看不见、摸不着的东西很难有概念。对于孩子们来说，时间就像一种他们还在学习的外语。他们不理解"立刻"是什么意思，也不知道"30 分钟"能做哪些事。他们对时间的理解，更多地是通过日常生活中的自然节奏来感知的，比如"晚饭后"或"故事时间"。孩子们要到五六岁才能开始理解一天的早、中、晚时间顺序，而要理解"昨天"、"今天"和"明天"的概念，可能要到七岁左右。从神经科学的角度来讲，大脑里有个叫"前额叶"的部分，它就像我们思考和做决定的总指挥。小朋友的这个部分还在发育中，所以他们在专注做事、做计划或者执行任务时，可能没有大人那么麻利。实际上，人要到二十多岁的时候，这部分大脑才完全发育好。所以，孩子们在做事时需要大人予以更多的耐心和指导。

（3）计划与执行能力不足

孩子们在规划和执行任务上可能还显得有些笨拙，有时候我们觉得轻而易举的事情，对他们来说却是一个挑战。就拿穿鞋来说，我们可能觉得这是分分钟就能搞定的事。但实际上，孩子们需要先分辨鞋子的左右，解开鞋带或拉开拉链，把脚伸进鞋子里，然后把鞋带系好。如果他们还不太会系鞋带，那这事儿可就是一个大工程了，其中每一个步骤都可能成为他们完成穿鞋任务的拦路虎。所以，我们不能单纯地用自己的速度来衡量孩子。孩子们可能会对自己的速度有过于乐观的估计，但这正是他们学习如何面对挑战和成长的过程。

（4）孩子是真的"活在当下"

孩子们通常不会为未来做计划，他们更关心眼前的乐趣。我们可能会担心如果再不快点儿就会错过什么，但孩子们不会。他们活在当下，而不是未来。因此，我们需要耐心地引导他们，让他们学会考虑行动的后果。

2）几点建议

了解了孩子拖拉、磨蹭背后的原因之后，我们就可以对症下药了，下面给出几点建议。

（1）简化任务

孩子在面对任务时，往往需要更具体的指导。比如，孩子可能会觉得"整理书包"是一项庞大的任务。但实际上，这个任务可以被分解成几个简单的步骤：挑选第二天需要的书、放入文具、拉上拉链。

你可以这样引导："孩子，先把你的语文书放进去。"这样，他就有了一个明确的行动目标，而不是对着一个模糊的任务感觉不知所措。

随着孩子逐渐长大，你可以让他自己尝试更复杂的任务，但仍然需要将任务分解成几个具体步骤。比如，在儿子准备上学的早晨，我会提醒他："嘟嘟，先穿上你的衬衫，然后是裤子，最后是鞋子。"如果他在穿好衬衫后分心了，我会鼓励他："衬衫穿得真帅，现在让我们把裤子和鞋子穿上，就可以去学校了。"

通过这种方式，孩子能够一步步地完成任务，而不是被一个看似庞大的任务压垮。这种分步骤的方法能帮助孩子理解任务的可管理性，从而逐渐学会如何规划和执行任务。

当然，如果孩子在某个步骤上卡住了，比如在系鞋带时遇到困难，我会耐心地指导他，并对已经完成的部分表示肯定："你的鞋带系得越来越好了，再试几次，你肯定能做得更好。"通过这种及时鼓励，孩子不仅能学会如何分解任务，还能学会如何集中注意力，以及如何在完成任务的过程中保持动力。

（2）做好日常惯例表

计划清单是一个能激发孩子积极行动的神奇工具。考虑到孩子们可能还没有掌握如何自己安排计划，家长可以和他们一起动手，一步步地把要做的事情和时间安排白纸黑字地列出来。这样做不仅能让他们学会怎样合理分配时间，还能锻炼他们的行动力。

比如，我儿子有一段时间总是不愿意按时洗澡。为了帮助他克服这个问题，我决定和他一起制定一个晚间例行公事的计划清单。我们坐下来，一起写下了他晚上需要完成的每件事，包括出去骑车、拼乐高玩具、洗澡和读睡前故事。

我们决定用文字和简单的图画来制作这个计划清单，这样既有趣又直观。我们在清单上写下了每项活动，比如"7:00 – 骑行时间""8:30 – 乐高玩具""9:00 – 洗澡时间""9:30 – 睡前故事"。

我们把这个清单贴在了房间墙上，这样他每天都能看到。晚上，我们就按照清单上的顺序进行。每完成一项活动，就在清单上打个钩。当他勾到"洗澡时间"时，就知道接下来要洗澡了。

如果孩子在拼乐高玩具时不愿意停下来去洗澡，我会提醒他："儿子，你看，我们的计划清单上接下来是'洗澡时间'。洗完澡后，我们还有时间读一个你喜欢的故事，然后就可以舒舒服服地睡觉了。"

这种温和而坚定的提醒不是简单的催促，有助于他理解日常活动的顺序和按计划执行的重要性。另外，有规律的生活习惯有助于孩子理解时间的概念。这样一来，父母轻松，孩子也快乐。

（3）让时间被"看见"

要帮助孩子建立时间观念，可视化是一个特别有效的方法。通过将时间变得可见和具体，孩子可以更直观地理解时间的概念和价值。我们可以使用钟表、沙漏、定时器等工具来帮助孩子看到时间的流逝。例如，使用一个彩色的定时器来设定孩子玩耍或看电视的时间，当定时器响起时，孩子就知道时间到了，需要停止当前活动。

比如，有时候孩子写作业拖拉，我会坐下来讨论他的作业计划。我问他："你觉得完成这几页作业需要多少时间？"他通常会跟我说要一万分钟，我会根据作业的难度及他的能力设定合理的时间，并且告诉他："这个定时器就是你的小助理，它会帮你计时。总共30分钟，我们来看看在铃声响起之前你能不能完成作业。"

定时器开始倒计时，孩子可以看到剩余时间在一点点减少，这让他直观地感受到时间的流逝。我会鼓励他集中注意力，尽可能在定时器铃声响起之前完成作业。我们会用星星或者笑脸图标来标记孩子提前完成计划任务的日子，这样他的努力就变得可视化了。每次孩子成功"打败"定时器，我们都会和他一起庆祝，增强他的成就感。

（4）换位思考

理解孩子的内心世界对于解决他的拖延问题至关重要。通过深入了解孩子的想法，我们能够用更有效的方法帮助他回归正轨，而不是简单地命令他"快点"。

举个例子，有一次我儿子在吃晚饭时突然变得沉默不语，我注意到他的眼神似乎在凝视着远方。我轻声问他："嘟嘟，你是不是在想刚才看的书里的恐龙？"他点点头，告诉我他正在想象恐龙的样子。我微笑着告诉他："吃完饭，我们一起看看其他的恐龙长什么样子。怎么样？"他的眼睛立刻亮了起来，然后快速地吃完了饭。

如果我只是简单地催促他："快点儿吃，饭菜要凉了！"这并不会解决他心中的疑惑或烦恼，他可能还是无法集中精神吃饭。通过上述方式，我不仅帮助他解决了心中的疑惑，还让他学会了如何合理安排时间。

对付孩子的拖拉、磨蹭，不是一朝一夕的事情，我们需要像曾国藩一样——"结硬寨，打呆仗"。并且，我们要把眼光放长远一点儿。要知道，在历史的长河中，即便是那些成就斐然的大人物，也难免会有拖延的时刻。《西游记》里的妖怪总是想着"待明日捉了那猴头，与这唐僧一并吃了"；文学巨匠雨果为了对抗拖延会采取极端的方法，比如光着身子写作，以此避免外出；天才达·芬奇，尽管才华横溢，却因为追求完美而导致许多作品在创作中出现拖延，甚至未能完成。

这些故事告诉我们，拖延并不是孩子们独有的问题，而是人类共同面对的挑战。当我们理解到这一点时，就能以更加宽容和理解的心态来看待孩子们的拖拉、磨蹭。我们不会简单地责备他们，而是会耐心地引导他们。通过简化任务、建立日常惯例、让时间可视化，以及换位思考，我们可以帮助孩子逐步学会管理自己的时间，提高效率，成为能够珍惜时间、管理时间的人。

4. 逆境应对：受挫训练的正确打开方式

当生活向你的孩子提出挑战时，他准备好迎接了吗？当失败和挫折不可避免时，他能否勇敢地站起来，而不是被击倒？在本节，我们将深入探讨如何锻造孩子的抗逆力，以便在逆境中不仅能够生存，还能茁壮成长。

1）挫折教育 = 吃苦教育？

在这个时代，许多父母都意识到，孩子们的生活似乎太过顺遂，他们被爱包围，几乎尝不到失败的滋味。于是，一些家长开始尝试所谓的"挫折教育"，希望孩子能通过这种方式学会坚韧。但这种教育方式往往被误解，有人以为就是让孩子去吃苦，比如去偏远的山区体验生活，或者参加一些艰苦的夏令营。另一些人则认为，挫折教育就是让孩子不断经历失败，即使孩子有所成就，也不会给予表扬，而是提出更高的要求，以防孩子过于自信。

这些观点忽视了挫折教育的真正意义。挫折教育的本质并不在于人为地为孩子设置障碍，也不是为了让孩子在痛苦中打滚。孩子需要的不是一场场刻意安排的试练，而是在成长的道路上自然而然会遇到的风风雨雨。无论是在学习新知识、掌握新技能，还是在适应新环境、与人交往，或是参与各种活动时，孩子总会面对挑战和遭遇失败。比如，不小心把饭菜洒在桌上，怎么都穿不好衣服，下棋输给了爸爸，数学题目解不开，考试成绩不理想，和朋友发生了冲突，甚至遭受校园欺凌……这些都是成长的一部分。

2）挫折教育的本质

作为一个父亲，我经常思考挫折教育到底是什么。我想，它不是刻意制造困难，让孩子在痛苦中挣扎；它不是无情地批评，让孩子在失败中怀疑自我；它也不是冷漠地旁观，让孩子在挑战面前孤立无援。

想象一下，孩子正在学习骑自行车。他摔倒了，膝盖擦破了皮，眼泪在眼眶里打转。有些家长可能会立刻扶他起来，然后严厉地说："你看，我早就告诉过你，你现在还小，不适合骑自行车。"或者在孩子尝试的过程中不断催促和责骂："快点！你怎么那么笨，连骑自行车都学不会！"这样的做法可能会让孩子觉得自己真的做不到，从而放弃尝试，对骑自行车产生恐惧和厌恶心理，甚至对自己产生深深的怀疑。长期这样不自信，找不到意义感，可能会导致"习得性无助"。

在 20 世纪 60 年代，心理学家马丁·塞利格曼通过一系列动物实验，揭露了一个现象——习得性无助，指个体在经历了一连串的失败或惩罚后，逐渐陷入一种被动接受命运的境地。从心理学的视角看，这种现象是个体在反复尝试却屡屡受挫后，对现实感到绝望，认为自己的行动无法改变结果，从而陷入一种无能为力的心理和行为模式。

当一个人开始相信自己的生活完全不受自己控制，所有的努力都是徒劳时，他就可能滑向无助和绝望的深渊。持续的失败感会令人滋生一种根深蒂固的信念，即"无论我做什么都无济于事"。这种消极的信念会侵蚀一个人的意志，削弱他的动力。

某些家长沉迷于自己构建的权威幻象，仿佛他们对孩子的未来拥有绝对的操控权和评判权。他们精心策划每一个"成长"陷阱，迫使孩子在这些预设的困境中屈服，磨去棱角，成为家长心目中的"复制品"。确实，这种残酷的"雕琢"有时会催生出一些早熟的成就者，他们在某些领域的表现可能超越了同龄人。但这种成功的代价是什么？我们是否想过：孩子的个性是否被尊重？孩子的心灵是否被呵护？孩子对自己所做的事情是否有真正的热情和认同？

这种以爱为名的操控，实际上是对孩子自我实现的扼杀。孩子既不是家长实现自己未竟梦想的代理人，也不是家长社会地位的附属品。孩子不应该被束缚在家长精心设计的框架中，从而失去探索自我和世界的机会。

正确的挫折教育是，当孩子学骑自行车的时候，家长站在一边，鼓励他："没关系，每个人都会摔倒，但重要的是再试一次。记得保持平衡，不要害怕。"当孩子终于能自己骑起来时，那种成就感和自信是任何物质奖励都无法比拟的。

对于孩子而言，自信心的培养至关重要。这种自信心的建立不仅依赖父母和老师的鼓励与支持，更关键的是孩子需要通过自己的实践真实地体验到成功的喜悦。孩子需要在挑战中感受到自己的能力，认识到自己行动的价值，从而建立起自己的信念。

所以，我认为挫折教育应该是这样的：当孩子在学习中遇到难题时，我们不直接给出答案，而是引导他自己寻找解题的钥匙；当孩子在运动场上跌倒时，我们不立即扶他起来，而是鼓励他自己站起来，拍拍尘土，继续前进；当孩子在社交中遇到冲突时，我们不擅自替他做主，而是教会他如何倾听、理解和尊重他人。

挫折教育，是要教会孩子在失败中看到成长的机会，在挑战中发现自我的潜力，在困难中培养坚韧的意志。它是一种深层次的爱的表达，是一种对孩子未来负责的态度，是一种对生命成长规律的尊重。

所以，在讨论挫折教育时，我们实际上是在探讨如何培养孩子的抗逆力。抗逆力也被称为心理弹性，是指个体在面对生活中的逆境、创伤、悲剧、威胁和其他重大压力时的良好适应能力。它是一种能从困难中恢复过来的能力。

3）如何培养孩子的抗逆力

抗逆力的培养不是一蹴而就的，这需要家庭、学校和社会的共同努力。在家庭教育中，父母可以通过以下几个方面来培养孩子的抗逆力。

（1）接纳孩子的情绪

面对挫败，孩子和家长自然会产生沮丧、生气、委屈、愤怒、羞愧等各种情绪，这时家长首先要做的是先处理好自己的情绪，再共情孩子的情绪，千万不能乱发泄。不同年龄的孩子，表达和管理情绪的能力不一样。这和他们大脑的发育、认知能力、语言和思维能力都有关系。比如，小孩子可能一开始只会用哭或者动作来表达情绪，慢慢地学会用语言表达出来。在大人的安慰下，他会学会平静下来，开始懂得怎么自己调节情绪，这样才有可能进入解决问题的部分。

有一次，我儿子跟他爷爷下围棋，只是被吃掉一个棋子，他就难过地说："哼！我不要下围棋了，爷爷吃掉了我的子。坏爷爷！"那段时间谁跟他下棋吃了他的棋子，谁就会"坏掉"。面对这样的情况，我们首先要做的是接纳他的情绪。我会轻轻地搂住他，告诉他："棋子被吃了很难受，爸爸理解你。"

如果我们从小就帮助孩子学会管理情绪，让他有一些成功的经验，那么等他长大一些，比如到了青春期，面对更多的挑战和困难时，他就能更好地调整自己，不会因为一些小挫折就情绪失控。这样，他就能更好地面对生活中的起起落落。

（2）培养解决问题的能力

我坚信，培养孩子成为问题解决者至关重要。《肖申克的救赎》中的安迪，用他的智慧和耐心，最终解决了看似无解的问题。即使最令人绝望的情况，也不代表没有解决问题的方法。不是每个问题都需要立刻解决，反而每个问题都是成长的机会。正如电影《当幸福来敲门》中的父亲所说："不要让别人告诉你，你不能做什么，即使是我。"面对逆境，他没有放弃，而是教会儿子如何在困难中寻找机会。

平时，当我儿子的玩具出现故障时，我不会立即介入修理，而是模仿加德纳的方式，鼓励儿子自己思考："你认为问题可能出现在哪里？"包括下棋，我会告诉他："下围棋，输赢都是正常的，胜败乃兵家常事。有人赢就有人输，重要的是我们在这个过程中学到了什么。"我和夫人会和他一起复盘："看，如果你刚才走这一步，可能结果就不同了。"通过这种方式，孩子不仅能从失败中吸取教训，还能学会换个角度看问题。这样也能培养他的逻辑思维和应对能力。

（3）教会孩子逆境的意义

我们得让孩子明白：生活这张考卷中不是只有选择题，更多的

是问答题，甚至是开放性问题。曼德拉那句"**我没有失败过，要么赢得胜利，要么学到东西**"，应该成为孩子面对逆境时的座右铭。我们要戳破那些"好孩子"和"坏孩子"的泡沫，告诉他们：生活不是童话，它是一场五味杂陈的盛宴。就像曼德拉在监狱中度过了27年，但他没有被逆境打败，反而在其中练就了耐心、坚韧和领导力，最终成为南非的总统，并在捍卫人权、废除种族歧视政策等方面做出了巨大贡献。

当孩子因为一次考试失利或是与朋友的一次争执，就给自己贴上"我做不到"的标签时，我们要像《美丽人生》中的圭多一样，即使在最黑暗的时刻，也要用幽默和爱编织希望的梦境。我们要告诉孩子，即使身处逆境，我们也能选择态度、选择行动、选择成为照亮自己道路的光。

维克多·弗兰克尔的经历是对逆境意义的一种深刻诠释。**作为奥斯维辛集中营的幸存者，他在《活出生命的意义》一书中写道："生命在任何条件下都有意义，即便是在最为恶劣的情形下。"**他创立的意义疗法不仅是心理治疗的革命，也是对育儿哲学的挑战：我们不能让孩子在温室里长大，而应该让他们在风雨中学会飞翔。

（4）适当给予孩子掌控的空间

正如前面所说的，真正的挫折来自孩子的生活，是自然而然发生的。只有当孩子自己拿起生活的指挥棒，他才能真正成为挫折的主宰，而不是被动的受害者。只有当"战胜挫折"成为孩子的内在渴望时，他的主动性和掌控感才会被激发，他的潜能才会被真正唤醒。记住，挫折教育的主角是孩子，不是我们这些自以为是的家长。

在孩子的成长历程中，我们常常扮演着守护者和引导者的角色，但真正的教育远不止于此。根据自我决定理论，自主性、能力感和归属感这三大支柱是点燃孩子内在动力的火花。我们必须打破传统的教育模式，让孩子在生活的舞台上成为主角，让他的意志得到尊重，让他的努力得到认可，让他在社会的大家庭中找到自己的位置。

适当地给予孩子掌控的空间，意味着我们要敢于放手，让他在安全的边界内自由探索。这不是放任，而是对孩子的信任，更是对他的潜能的肯定。我们要让孩子明白，他的每一个选择都值得被尊重，每一次尝试都值得被鼓励，每一次失败都是通往成功的必经之路。

在《小王子》中，作者圣埃克苏佩里通过小王子的眼睛，让我们看到了成人世界的荒谬和孩子的纯真。他提醒我们，每一个孩子都是独一无二的，孩子的想法和感受都值得被倾听和尊重。我们要给予孩子足够的空间，让孩子的想象力和创造力得到充分地发挥。

5. 专注力：如何让孩子专心做一件事

设想一下，你家孩子对某件事特别感兴趣，比如学编程或者弹吉他。如果他不是三天打鱼，两天晒网，而是每天都坚持练习，一年又一年地投入时间和精力，那会怎么样？可以肯定的是，他的水平会突飞猛进，甚至在这方面成为小专家。这就是专注的魔力，能让孩子在某个领域里闪闪发光。

专注，是成功的一个重要秘诀。在这个随时会被干扰的时代，很多人的注意力被各种小事分散了。那些能集中精力、坚持目标的人，往往能在所选择的领域里做出一番成绩。他们之所以能成功，是因为懂得一个简单却深刻的道理：专注和持续地努力，是通往卓越的必经之路。

就拿炒股来说，很多股民喜欢天天盯着股市，买买卖卖，但真正赚大钱的，往往是那些选好股票就长期持有的人。他们不追短期的涨跌，而是看企业的长远发展，最后能享受到企业成长带来的丰厚回报。

同样的道理也适用于孩子们的兴趣和追求。如果他们能一心一意地投身于某项活动中，不管是学习、画画还是运动，就能深入挖掘自己在这个领域的潜力，最终达到一个让人仰望的高度。

但是，培养孩子的专注力是个技术活。有的家长可能会说："我家孩子看电视的时候眼睛都不眨，一写作业就坐不住了。"别急，这正是我们现在要聊的话题。其实，出现这种情况并不是孩子故意为之，而是孩子的天性所致。孩子的专注力，就像春天刚发芽的小苗，需要我们用耐心和智慧去呵护、培养。

首先，我们需要理解，孩子的专注力发展是一个逐渐成熟的过程。根据发展心理学的理论，儿童的注意力集中时间随着年龄的增长而延长。**孩子的注意力是一朵需要耐心浇灌的花。**我们不能期望它一夜之间就盛开，而是要通过日常的互动和引导，帮助孩子慢慢培养专注的能力。这意味着，我们要为孩子创造一个有利于集中注意力的环境，减少不必要的干扰。同时，我们要在这方面为孩子做好榜样。

1）打造专注的环境：孩子注意力培养的关键

注意力是孩子在学习和成长过程中不可或缺的能力。然而，在一个充满干扰因素的环境中，即使最专注的孩子也难以保持注意力集中。对于孩子来说，培养他的注意力，首先需要从环境入手。

由于我们家没有电视，客厅更多地是作为一个交流和休息的空间。我平时会注意到，即使这样，孩子的注意力还是会被偶尔出现的门铃声或者家人的谈话声所吸引。为了帮助嘟嘟更好地集中注意力，我会在他需要专注的时候，选择一个更加安静的角落，或者带他到自己的房间。

在嘟嘟的房间里，我为他布置了一个温馨的学习角落。这里有一张小桌子和一把椅子，桌上放着他的绘画工具和一些益智玩具。墙壁上挂着他的涂鸦作品，书架上摆放着他喜欢的绘本。这个角落的布置虽然简单，但却是嘟嘟的小小避风港，让他可以沉浸在自己的想象世界中。

在客厅也有一个角落，是专属于嘟嘟的游戏区，我平时在这个角落里陪伴他，和他一起做一些简单的手工，或者静静地看着他专注地拼搭积木、玩乐高玩具、下围棋。我会尽量避免在他专注的时候打扰他，只在他需要帮助或者想分享想法时才参与进来。这样的陪伴让嘟嘟感到安心，也让他更愿意在这个空间里探索和学习。

通过这些调整和实践，我看到了孩子在注意力方面的进步。他现在能够在没有电视节目干扰的情况下，更长时间地专心从事一项活动。虽然他偶尔还是会被新奇的事物吸引，但大多数时候，他都能够回到自己的学习角落，继续他的创作或者探索活动。

2）不要过多干预孩子

家长的心意总是好的，希望孩子能抓住每一个学习的机会。但有时候，我们的"好意"却可能成为孩子专注力的隐形"小偷"。我常常见到这样的场景：孩子在游乐场里玩，攀爬滑梯、穿梭于吊桥之间，玩得正起劲。突然，家长一把拉住他说："宝贝，看这个秋千上刻着数字呢，一、二、三……来，数给妈妈听！"或者说："你看那边的旋转木马，上面画着各种动物，我们来学学它们的名字吧！"

玩，是孩子的天性；学，是玩中的收获。孩子在游乐场上的每一次攀爬、每一次滑行，其实都是在探索世界，学习平衡能力、锻炼勇气……当我们急于将每一个场景都变成教学时刻时，孩子的游戏被迫中断，他们的专注力也会被悄悄"偷"走。

我们要知道，**孩子的眼睛是用来发现乐趣的，而不是用来填满知识的。**当孩子全神贯注地玩耍时，他正在用自己的方式学习。这种学习的收获可能没有课本上的知识那么直接，但却是培养孩子的创造力、想象力和解决问题的能力的重要途径。

咱们大人可能没意识到，小宝宝在一岁之前，注意力就像小蝴蝶一样飞来飞去，很难停在一朵花上。一点点响动或者亮光，都能把他的注意力勾走。等到孩子三四岁了，才开始慢慢学会怎么把注意力集中在一个地方，不再那么容易被周围的动静分散。

要是咱们做家长的老想去干预，总是喜欢指挥孩子干这干那，孩子就会变得手忙脚乱，跟着家长的指挥棒转。时间长了，孩子可能会养成注意力不集中的坏习惯，东张西望，没法静下心来做自己的事。在孩子练习集中注意力的黄金时期，要是咱们老是打扰他，那孩子的大脑就练不出排除干扰的本领，学习的机会就白白浪费了，孩子的注意力发展也会受到影响。

记住，要培养孩子的注意力，首要一条就是：当你看到他在集中注意力做一件事情的时候，不要打搅他。这是对孩子成长最基本的尊重，也是最有效的教育方式。

3）兴趣是点燃专注力的火花

人脑前额叶皮质扮演着"指挥官"的角色，它掌管着注意力、决策和解决问题等关键认知功能。对于儿童而言，这一区域正处于快速成熟阶段，是大脑发育的关键时期。

在这个时期，孩子每一次全神贯注地探索，都是对前额叶皮质的一次锻炼，也是在播撒智慧的种子。**孩子的大脑不是被动装知识**

的容器，**而是一团等待熊熊燃烧的火苗。**激发孩子的学习兴趣，实际上是为这团火添加燃料，让它照亮未来的学习道路。

比如，我发现嘟嘟对恐龙产生了浓厚兴趣，我就带他去国家自然博物馆，让他近距离观看壮观的恐龙化石。在那里，他的眼睛会闪烁着好奇和兴奋的光芒。回家后，他自发地翻阅相关书籍，模仿恐龙的动作，仿佛亲身体验侏罗纪时代。

当我发现他对科学实验感兴趣时，我们会一起在家中做小实验，比如用醋和小苏打模拟火山爆发。他小心翼翼地混合原料，兴奋地观察"火山"喷发。对于他，这不仅是游戏，更是通过实践学习科学的过程。

他对海洋世界充满好奇，我会带他去海洋馆和水族馆，让他近距离观察五彩斑斓的鱼类和悠闲的海龟。这种经历能够激发他的想象力，回家后，他会通过绘画来表达对海洋世界的理解。

我相信，**孩子的眼睛是清澈的，他们能看到成人忽视的美好。**在日常生活中，我也注意到嘟嘟在下围棋、玩乐高玩具时表现出极高的专注度。这些活动虽然简单，但它们在无形中锻炼了孩子的专注力，帮助他学会如何集中精神去观察和思考，这对他的认知发展至关重要。

4）给孩子树立一个标杆

咱们都知道，孩子就像一张白纸，上面能画出啥样的画，很大程度上取决于咱们这些拿笔的人。**专注不是天生的，需要父母通过无声的示范悄悄种下种子。**在孩子成长的道路上，家长的一举一动、一言一行，都是在给孩子做示范，告诉他怎么下人生这盘棋。

平时我在家时，要是孩子在那儿专心搭积木，我会告诉他："爸爸在写东西哦。"然后尽量不再碰手机。为啥呢？因为孩子的眼睛尖得很，他会模仿大人的每一个小动作。如果我一边叫他专心，一边在写东西的时候分心玩手机，那不是明摆着"只许州官放火，不许百姓点灯"吗？

在家写东西的时候，我会尽量找一个安静的角落，一坐就是几个小时，沉浸在文字的世界里。这种专注，嘟嘟都看在眼里。他知道，爸爸坐在电脑前，那就是在认真工作，不能打扰。这种默契，让我感动，也让我意识到自己的行为对他有着直接的影响。我在家做线上咨询的时候也是如此，嘟嘟会对我说："爸爸，你好好做咨询哦。我和妈妈都不会打扰你的。"这句话，对我来说既是鼓励，也是提醒。

当我在读书的时候，嘟嘟也会好奇地凑过来，拿起一本书自己翻看。虽然他还不完全认识书中那些字，但他已经学会了享受阅读的乐趣，学会了像爸爸一样沉浸在书的世界里。

身先足以率人，这是我反复提醒自己的一句话。父母的行为，就是孩子最直接的学习榜样。家庭是孩子的第一课堂，而父母的专注是孩子最生动的教材。

孩子慢慢长大，他的专注力也在一点点提升，在这个过程中，咱们做家长的得慢慢引导。就好比做饭得掌握火候，不能急。家长可以在家里安排一个安静的角落，让孩子能专心做作业或者玩益智游戏；若发现孩子喜欢画画，就多陪他一起涂鸦，让他在兴趣中慢慢学会专注。咱们自己得做个好榜样，比如放下手机，拿起书来看，让孩子看到专注是什么样子。这不仅是孩子学习专注的基础，也是他未来成功的关键。

6. 情绪认知：做好不同阶段的情绪管理

孩子们从摇摇晃晃学走路开始，一直到叛逆的青春期，他们的情绪就像天气一样，一会儿晴，一会儿雨。在不同的年纪，他们会遇到不同的心事和难题。

所以，下面就来聊聊，怎么在不同的成长阶段教会孩子做自我情绪调节，让孩子学会在情绪的海洋中稳稳地掌舵，乘风破浪。

1）幼儿阶段，打好情感疏导基础

做好情绪管理涉及自我调节和自我疏导的能力，这些能力对于孩子在幼儿阶段（尤其是性格形成的关键时期）的成长至关重要。有三种方法可以借鉴。

（1）做好情绪认知

情绪认知，就像孩子的心情天气预报。以前，我和孩子经常玩"心情天气"游戏。我会问他："宝贝，今天你的心情是啥天气呀？"

如果孩子说"大晴天"，那我们就一起乐呵呵地去做开心的事情，比如去公园踢球。要是孩子说"下雨天"，我就告诉他，下雨天也有下雨天的好，比如雨声听着舒服，雨后的空气特别清新，有时还能看到彩虹。

这种小互动，其实是在教孩子认识和表达自己的情绪。通过这个游戏，孩子学会了把情绪分成不同的类别，知道每种情绪都有什么意义。最重要的是，他学会了接受自己的情绪，不管是高兴还是难过，都能找到合适的方法来处理。

（2）日常情绪引导

情绪引导不是告诉孩子"别哭了"，而是帮他弄明白人为什么会难过，怎么把自己的感受说出来。下面以我跟孩子的一次互动举例。

有一天，嘟嘟在客厅里忙得不亦乐乎，他一块块地把积木搭得高高的，梦想着建一座能碰到天的塔。他的眼睛里满是对快完成的作品的期待。就在塔快封顶的时候，他的好朋友跑过来，想摸一摸这座壮观的建筑，结果一不小心，手一挥，"哗啦"一声，塔就像被施了魔法一样，瞬间变成了一地的积木块。

嘟嘟的情绪一下子从云端跌到了谷底，他的脸因为生气变得通红，眼泪在眼眶里打转。他几乎是在吼："你怎么那么不小心！这是我辛辛苦苦搭的塔！"

我听到嘟嘟的吼声，赶紧从屋里出来，看到他气鼓鼓的样子。这时候，有些家长可能会急着插手，想快点儿把事情摆平："来，快给嘟嘟道歉，然后你们一起把积木重新搭起来。"但我知道，这种表面的和解只是暂时的，孩子们心里的疙瘩没有解开。嘟嘟心里满是失落，他辛辛苦苦搭的塔一下子就没了，如果还要跟"肇事者"一起重建，心里肯定不舒服。而另一个小朋友，可能因为自己不小心犯了错而感到惊慌，不知道该怎么办。

我的做法是，走到他们身边，轻声问嘟嘟："你现在是不是很火大？告诉爸爸，你想怎么解决这个问题？"他边哭边说："我要他给我道歉，不然我就不原谅他。"

我转向那个小朋友，他知道自己错了，低着头，小声说："对不起，我这有几颗糖果，是我最喜欢的。"

嘟嘟听完马上说："我不想要糖果。"

我对那个小朋友说："你碰倒了嘟嘟的塔，他很伤心。你能不能想想，除了糖果，还有什么可以作为补偿？"他想了想，然后说："叔叔，我可以把我的小汽车借给他玩，我们可以一起再搭一座更酷的塔。"

我再问嘟嘟："他愿意借给你他的小汽车，并且和你一起搭一座新塔。你觉得怎么样？"嘟嘟看了看他，又看了看地上的积木，想了一会儿，然后说："那好吧，我原谅他了。"两个人拥抱了一下，问题就这样圆满解决了。

这个过程其实就是"需求-补偿"模型，就像咱们日常生活中常见的"讨价还价"。孩子们通过说出自己心里想要的，找个双方都能接受的解决办法，来把事情给解决了。这种方法不仅能帮他们搞定眼前的麻烦，还能教他们在将来遇到问题时怎么冷静下来，好好说话。

（3）情绪的情境模拟

孩子情绪管理能力的提升，很大程度上得益于家长平时进行的情感情境演练。这种演练不同于普通的"过家家"，它更侧重于教导孩子如何识别和表达自己的情感，让孩子明白无论是快乐、悲伤、愤怒，还是恐惧，都有其名称和应对方法。

过去，我通常会在嘟嘟与其他孩子玩耍后简单地询问他："今天玩得开心吗？"虽然他会点头或说"开心"，但这样的对话并未触及他的内心，也没有引导他深入思考和表达。

后来，我开始使用更具体的例子来引导他。例如，我问他："嘟嘟，你还记得上次小明来我们家，你很大方地让他玩你的新赛车吗？他看起来很高兴，你当时是什么感觉？"这样的提问方式是在帮助嘟嘟回忆和表达自己的情绪。他告诉我："我也很开心，因为小明笑了，我也笑了。"通过这样的对话，嘟嘟开始理解分享快乐和考虑他人感受的重要性。

我接着问："你觉得他为什么笑呢？你做了什么让他这么开

心？"嘟嘟跟我说："因为我对他很好，然后他也对我很好啊！他给我玩他的火车轨道。"

我继续提问："没错。你看，当你和小明分享玩具时，你们是不是玩得更开心了？还创造了一些新的玩法？"嘟嘟兴奋地回答："是的，爸爸，我们用赛车和积木一起建了一个赛车场！"

我进一步引导他："如果下次你去小明家，他让你玩他的玩具，你会不会也很开心？"嘟嘟点头表示同意，这表明他开始理解分享带来的感受是双向的，能够带来双赢的结果。通过这样的讨论，嘟嘟不仅理解了分享的乐趣，还学会了创造性地解决问题和享受合作的过程。

最后，还没完，我会用一些简单的故事来加深嘟嘟的理解。我随便给他编了一个小熊和它的朋友分享蜂蜜的故事，然后问嘟嘟："如果小熊不愿意分享蜂蜜，它的朋友还会和它玩吗？"通过这样的故事，嘟嘟能够更直观地认识到分享的重要性。

为了进一步深化对话效果，我们可以引入更多层次的问题和情境，比如：

· **分享的界限**。什么时候分享是合适的，什么时候需要保护自己的权益。例如，可以跟孩子说："孩子，分享是一件很好的事情，可以帮助我们结交朋友，也能让我们感到快乐。但有时候，我们也需要保护自己的东西，特别是那些对我们特别重要的。如果你不想分享某样东西，那也没关系，我们可以找到其他方式来和朋友一起玩。"

· **冲突解决**。比如，如果小明不愿意与他人分享他的玩具，应该如何处理这种情况？我是这么跟嘟嘟说的："如果你的朋友不愿意与你分享他的玩具，这可能会让你感到失望或难过。但记住，每个人都有权利决定是否与他人分享自己的东西。在这种情况下，你可以尝试提出一些建议，比如轮流玩或者找到另一个大家都感兴趣的游戏。"

·**社交技能**。在不同的社交场合，如何恰当地表达自己的需求和尊重他人的需求，是非常关键的技能。你可以说："孩子，在不同的社交场合，我们需要学会如何恰当地表达自己的需求，同时做到尊重别人。比如，如果你想加入其他孩子正在玩的游戏，可以礼貌地询问他们是否可以加入。同样，如果别人想加入你的游戏，你也可以考虑他们的感受，看看是否可以一起分享乐趣。"

·**情感共鸣**。通过分享和合作与他人建立更深层次的友谊和信任，这是让孩子学会如何与他人建立深度关系。我会用自己跟朋友的相处感受来教育孩子："嘟嘟，当你和朋友一起玩的时候，试着去理解他们的感受，这样你们可以一起创造美好的回忆。记住，真正的朋友不仅能一起玩乐，还能在对方需要的时候，互相支持和理解。"

通过这些日常的对话和情境模拟，可以帮助孩子在成长的道路上理解情绪、学会分享，更重要的是学会成为一个有责任感、有同理心的人。这样，他将能够在这个世界上找到自己的位置，与他人和谐相处，共同创造更加美好的未来。

2）儿童阶段：把握好情绪的第一课堂

在一次拜访老朋友时，我意外地发现了一个令人深思的场景。朋友的女儿，一个五年级的小女孩，在亲戚们的欢声笑语中，选择独自一人躲在房间里。她蹲坐在墙角，没有勇气走出房门与大家见面交流。当我注意到这一点并询问朋友时，他似乎并不认为这是一个问题，甚至打算等我离开后再"收拾"她。

这种情况并不少见，孩子的情绪和感受就这样被家长在无意中忽略，甚至被视为任性或不懂事。

我轻轻地走过去，蹲下身来，试图与她交流。"嘿，宝贝，你怎么不和大家一起玩耍呢？"我轻声问道。

她抬起头，看着我，眼中闪过一丝惊讶，然后迅速低下头，小声说："我……我不太想出去，我害怕。"我注意到她在不停地抠着手指，这是一个明显的紧张信号。我决定给她一些空间，于是坐在她旁边，静静地陪伴着她。

过了一会儿，她似乎放松了一些，开始主动和我说话。她告诉我，她害怕与人交往，她觉得自己不够好，不值得被喜欢。这种恐惧和自卑感，让她在社交场合中感到极度不安。

慢慢地，她向我敞开了心扉："我只有一个朋友，从幼儿园一直到现在。我害怕结交新朋友，害怕面对他们的评判和嘲笑。我在学校也总是被欺负，甚至有男生追到女厕所要打我。我真的不知道怎么办，爸爸妈妈也总是对我心不在焉。"

我耐心地听着，心中涌起一股莫名的心疼。我意识到，这个小女孩的内心世界远比我们想象的要复杂得多。作为家长，我们需要知道不是所有的成长都有声音，有时候，孩子安静比哭闹更值得我们关注。每一次沉默都可能是一场无声的呼救，等待我们去倾听和理解。她的孤独和无助，需要被看见、被理解。

在孩子从 6 岁到 12 岁的成长旅程中，他们由幼儿园里的稚嫩孩童逐渐成长为小学生，在这一阶段，他们的情感世界也随之变得更加丰富和复杂。在这个关键时期，孩子们开始展现出更加成熟的行为，他们的观察力和学习能力也在不断提升，他们开始更加敏锐地观察周围的世界，尤其是父母的行为和交流方式。**作为父母，我**

们不仅是孩子的监护人，更是孩子情感教育的启蒙老师。我们的家，就是孩子学习情绪管理的第一课堂。

孩子天天看着咱们怎么跟另一半说话、怎么解决问题。比如：

· 妈妈切菜时不小心切到手，爸爸立刻跑过来关心。这种关心和呵护，孩子看在眼里，心里就会种下一颗种子：关心别人是重要的。

· 当家里来了客人，爸爸妈妈怎么热情招待，孩子就会学着怎么礼貌待人。

· 爸爸妈妈有时候拌嘴，但总能和气地解决问题，孩子也会学到：原来冲突不可怕，关键是要冷静解决。

如果孩子放学回家时情绪低落，眉头紧锁，小嘴撅得老高，这正是家长介入和引导的时机。我们应该放下手头的工作，坐下来耐心地与孩子交谈，询问他的感受，并给予他表达的空间。通过倾听，我们可以了解孩子在学校遇到的困难，无论是老师的批评、同学间的小摩擦，还是考试的失利。

在孩子表达完自己的不快之后，我们应该首先给予他情感上的支持，比如一个拥抱，让他感受到我们的关心。随后，我们可以教授他一些基础的情绪调节技巧，比如深呼吸放松法，帮助他学会如何平复情绪。

接着，我们可以引导孩子换个角度想问题。比如，孩子和同学闹矛盾了，你可以说："你觉得他为什么会这么做？你们能不能找个时间好好聊聊？"这样的对话，能帮助孩子学会从别人的角度考虑问题，学会理解和沟通。

你还可以和孩子一起做他喜欢的事情，比如一起做个小蛋糕，或者去公园散散步。这些活动不仅能让孩子的心情得到放松，还能增进你们之间的感情。

晚上睡觉前，你可以鼓励孩子把今天的情绪写在日记里，或者画出来。这样的习惯能帮助孩子学会自我观察和自我表达。

当然，你自己也要做个好榜样。比如，工作一天回到家，可能有点儿累，有点儿烦，但尽量不把情绪带回家，用积极的态度面对问题。当你遇到不顺心的事情时，可以说："妈妈今天在工作上遇到了一点儿麻烦，我现在有点儿不高兴。我先深呼吸，然后找解决办法。"孩子看到你这样做，也会学着用积极的方式来调节情绪。

总之，对小学阶段的孩子来说，情绪调节是一门必修课。家长要耐心引导，用生活化的方式帮助孩子学会面对和调节情绪。这样，孩子才能在这个关键的成长阶段学会处理自己的情绪，将来不管遇到什么问题都能从容应对。

3）青春期阶段：回声式反馈

青春期，这可是一个让人又爱又恨的年纪。孩子可能会跟家长顶嘴，自我感觉良好，甚至有时候还会故意找茬儿。但家长别急着下结论，这些其实都是青春期生理变化的自然反应。

想象一下，如果家里正在装修，你走进去，是不是得忍受噪声和灰尘？青春期的孩子，大脑和身体正在经历一场"装修"，你期望孩子这时还能对你客客气气的，那可真是强人所难。

如果你的孩子还小，但已经到了青春期的门槛，记得从现在开始，少讲道理，别唠叨。继续关心他、爱他，但别啰唆。孩子其实已经懂事了很多，只是还在学习如何表达。

在与青春期的孩子进行交流时，倾听显得尤为重要。这时的孩子就像刚出锅的炸鸡，外表看着金黄诱人，里面却还热乎着，一不小心就烫嘴。这时，爸妈的倾听就像一杯冰镇可乐，让孩子知道，不管心里多焦躁，都能找个地方凉快凉快。如果孩子带着满腹牢骚回家，父母只是一味地批评或急于给出建议，孩子很可能会感到被误解，甚至从此闭口不谈。在心理学中，这种情况被称为"无效沟通"，会导致孩子感到孤立无援。

有些父母常常认为自己在倾听，但实际上，他们的耳朵只筛选了想听的内容，而忽略了孩子真正的感受。当孩子表达出一些看似极端的情绪时，父母可能会立刻感到焦虑。这种情绪的波动，如果处理不当，就会形成一种负面的循环。

这时，父母需要学会的是同理心倾听，就是站在孩子的角度去感受他的情绪，而不是立即做出评判。同理心倾听的一个实用技巧是"回声式反馈"，这是一种通过重复孩子的话来展示你在认真听的简单方法。

比如，孩子放学回来，一脸不高兴地说："妈，今天数学考试我考砸了。我真是笨死了！"这时候，妈妈可以一边继续手头的工作，一边平静地回应："哦，你觉得你笨死了？"这样的回应没有指责，也没有立即安慰，只是简单地重复了孩子的感受。孩子可能会接着说："是啊，我怎么会这么粗心，那么简单的题目都做错了！"然后，孩子可能会自己找到情绪的出口，说："算了，我还是先去复习一下吧。"这时，妈妈可以再次用回声式反馈："嗯，去复习一下吧。"这样的重复，让孩子感觉到自己的情绪被接纳，同时给了孩子一个积极的引导，让他从挫败中找到前进的动力。

再如，孩子放学回家，一脸不高兴地说："妈，今天老师把我的作业给批了。我真想教训老师一下！"这时候，你要是立马跳起来，火冒三丈，那孩子心里的委屈可能就变成憋屈了。但如果你平静地回应："哦，你想教训老师啊？"这就像给了孩子一个温暖的拥抱，让他感觉自己的情绪被理解和接纳。孩子可能会接着说："是啊，我觉得老师太严厉了。我明明已经很努力了。"这时候，你再重复他的话："嗯，你已经很努力了。"这样的重复，就像给孩子的心情加了一个缓冲垫，让他的情绪有个出口，而不是憋在心里。

青春期的孩子，要的不光是好吃的、好玩的，更想要的是爸妈的理解。这种倾听方式就像家里的那把老藤椅，结实耐用，让人一靠上去就觉得踏实。孩子知道，无论他遇到什么风风雨雨，回到家，这把老藤椅——也就是爸妈的倾听，总是稳稳地让他有所依靠。

面对情绪，不要采取放任的态度。

孩子的情绪是他内心世界的窗口，我们的任务是教会他如何打开这扇窗。我经常体会到有些爸妈是这样想的："让他们自己解决，要打要吵都没事，小孩儿嘛。"然而，我必须指出，这种观点是极其错误的。诚然，孩子们在相互的嬉戏和冲突中能够学习如何独立解决问题。但是，如果爸妈完全置身事外，不提供必要的指导和关怀，那将是一个严重的失误。

孩子们的世界很直接，他们可能不懂得怎么控制自己的情绪，也不知道怎么处理复杂的人际关系。如果父母不教他们，那么他们可能会用错误的方式来解决问题。如果父母总是抱着"让他们自己解决"的态度，不去引导孩子，那么他们可能会觉得，用拳头或者大声吵闹就能解决问题。

咱们得让孩子明白，有情绪不是坏事，关键是学会怎么表达情绪。就像教孩子说话一样，让他学会用言语来表达自己的情绪："爸爸妈妈，我不高兴了，因为小明抢了我的玩具。"这样，孩子就能慢慢学会用更成熟的方式处理情绪。

7. 关系达人：如何培养受欢迎的孩子

1）关系能力决定幸福指数

你知道吗？咱们的幸福感和学历的高低其实关系不大。这两者之间，顶多算是有点儿联系，但绝对不是学历高就一定感觉更幸福。真正和幸福感挂钩的，其实是另一个因素。

哈佛大学有个叫瓦尔丁格的博士，他参与了一个始于1938年的研究项目，至今已持续了八十多年。这个项目追踪的研究对象一开始有七百多人，后来扩展至这些人的配偶及后代，加起来有一千多人，其中有哈佛大学的学生，也有波士顿贫民区的年轻人。这么多年过去了，这些人有的成了律师、医生、工人，甚至还有一位当上了总统——约翰·肯尼迪。当然，也有人过得不太好，成了酒鬼或者心理出现问题。

研究人员发现，影响这些人幸福感的主要是他们和朋友、伴侣的关系。那些与朋友或伴侣感情深厚的人，得慢性病、精神疾病或者出现记忆力下降等情况的概率要比平均值小很多，而且，退休后还能积极结交新朋友的人，比那些不怎么维护社交网络的人要快乐得多。

瓦尔丁格博士说，这么多年的研究表明，和家人、朋友、社区关系融洽的人，生活得更幸福。所以，社交能力才是决定幸福感的关键。在孩子的成长过程中，社交技能是必须掌握的重要技能之一。无论是内向还是外向的孩子，都需要学会如何与他人建立联系、交流思想和感受。然而，内向和外向的孩子在社交方式上存在显著差异，接下来我们将探讨如何帮助这两类孩子更好地进行社交。

2）理解内向与外向

理解孩子的个性类型是帮助他们提升社交技能的第一步。其实，无论是内向还是外向的孩子，他们都有独特的与人交往的方式。心理学家卡尔·荣格（Carl Jung）于1921年在《心理类型学》中正式提出内向和外向的概念，他认为内向的人从内在世界获取能量，而外向的人则从社交活动中获得动力。

· 内向的孩子倾向于从独处中获取能量，他们在社交活动中可能显得更为谨慎和保守。就像给手机充电一样，得找个安静的地方，插上充电器慢慢充。内向并不意味着社交无能，这只是代表一种不同的能量获取和消耗方式。

· 外向的孩子从与人互动中获得能量，他们通常显得更加活跃和开放。就像用太阳能充电，越热闹的地方，获取的能量越充足。外向的孩子在社交中往往更受欢迎，因为他们的活力和热情能够吸引他人的注意，并且他们通常更愿意主动与人交流，这使他们更容易成为群体中的焦点。

那怎么帮内向的孩子在社交中更好地"充电"，怎么为外向的孩子提供指导，让他们能够更好地做好"社交"这件事，变得更受欢迎呢？下面一起来探讨。

3）内向的孩子该如何打开自己

内向的孩子更喜欢在角落里静静地观察、思考，享受独处的感受，但这并不意味着他们不喜欢社交，只是他们的社交方式不同而已。他们就像小区角落里那棵不起眼的小草，他们有自己的小世界、自己的小乐趣，而且在小团体中往往能展现出惊人的洞察力和深刻的思考。

（1）别急着推他们出去

家长有时候会担心，孩子太"宅"了，会影响他的社交能力。请记住，内向的孩子需要的不是被推出舒适区，而是被理解和支持。

他们可能只是需要一些独处的时间来"充电"，就像手机需要时不时地连上充电器充电一样。所以，当孩子选择待在家里时，不妨给他一些空间，等他准备好了自然会愿意走出去。这时候，你可以和他一起设定一些小目标，比如参加一个兴趣小组，或者周末和亲戚朋友家的孩子聚一聚，让他在自己的节奏中慢慢打开社交的大门。要知道，**每个孩子都是一朵花，有的开得早，有的开得晚，但每一朵都值得等待。**

（2）给他们安全感

要让孩子知道，家是温暖的港湾，无论外面的风浪有多大，回来时总有一盏灯为他守候。内向的孩子可能更敏感，对外界的评价和反响更加在意。因此，给他一个安全的环境非常重要。家长可以通过言语和行动表达对孩子的支持，比如告诉他："无论你在学校遇到了什么事，都可以和我们说。我们会一直支持你。"这样的安全感可以鼓励孩子更加自信地去尝试新事物，即使失败了，也有家这个避风港可休养。

（3）教他们怎么聊天

在社交中，与人交流是必不可少的。内向的孩子可能不擅长发起对话，但这是一项可以学习的技能。你可以和孩子一起练习，比如通过角色扮演的方式，教他如何开始一个话题，如何维持对话的流畅，以及如何在结束对话时保持礼貌。比如，可以教他用开放式的问题来引导对话，类似"你对这个有什么看法"或者"你最近在玩什么游戏"这样的问题可以让对方有更多的空间来分享自己的想法。

（4）庆祝小胜利

在孩子的成长过程中，每一个小小的进步都值得庆祝。对于内向的孩子来说，这尤为重要。当他们能够主动和别人打招呼，或者在聚会上多待了一会儿，这些都是社交能力提升的信号。家长可以通过表扬和鼓励来强化这些行为，让孩子感受到自己的进步是被看见和赞赏的。这种正面的反馈可以激励孩子继续在社交方面做出努力。每一次尝试都值得鼓励，每一次进步都值得庆祝，因为它们铺就了通往成功的路。

4）外向的孩子的四个社交关键点

外向的孩子通常在社交场合表现得更加活跃和自如，但这并不意味着他们在社交上不需要指导和支持。**对于外向的孩子来说，在社交上需要特别注意四个关键点。**

（1）学会倾听

外向的孩子天生爱说话，但有时候可能会在对话中占据主导地位，无意中忽略了其他人的声音。这时要让他们明白，交流是双向的，倾听同样重要。比如，当孩子兴奋地讲述学校里的事情时，家长可以适时地引导他停下来，问一句"你的小伙伴怎么说"或者"老师有什么反应"，这样的引导能让孩子意识到，对话中他人的声音同样值得关注。毕竟"倾听是金"，懂得听才能赢得人心。

（2）控制能量

你会发现外向的孩子就像能量满格的电池，总是动力十足，但这个特点在图书馆中或安静的课堂上可能会显得不合时宜。家长可以通过一些生活化的例子来教导孩子，比如在看电影时说话要轻声，或者在医院等需要安静的公共场合保持低声。告诉他们：**"不要在每个场合都做主角，要学会在不同的舞台上调整为合适的音量，让你的能量释放得更加得体。"**

（3）培养同理心

在与人交往时，外向的孩子可能会因为过于自我而忽略了他人的感受。家长可以通过日常生活中的小情景来培养孩子的同理心。比如当孩子和弟弟妹妹争抢玩具时，引导他思考："如果你最喜欢的玩具被人抢走了，你会有什么感觉？"通过这样的提问，孩子能学会从他人的角度考虑问题，从而变得更加体贴和关心他人。

（4）注意社交质量

朋友不在于多，而在于真。外向的孩子可能会因为朋友众多而忽视了深入交往的重要性。家长可以和孩子一起回顾他的朋友圈，讨论什么样的朋友是值得珍惜的。比如，可以问孩子："你觉得谁在你遇到困难时会伸出援手？""你和谁在一起时感觉最自在？"通过这样的问题，帮助孩子认识到，真正的朋友是那些能够相互支持和理解的人。

5）在家可以跟孩子玩的社交游戏

（1）角色扮演游戏

我平时在家里和孩子玩的一种游戏是角色扮演。这不仅是一种娱乐活动，更是一种寓教于乐的学习方式。我会挑选一些简单的情境，比如去超市购物、在餐厅点餐，或者在动物园参观。

我会先和嘟嘟一起准备一些简单的道具，用于增加游戏的趣味性。比如，我们会用旧纸箱做成收银台，用卡片代替现金，用玩具作为商品。在这个过程中，我会引导嘟嘟扮演收银员，我则扮演顾客。我会故意说一些简单的需求，比如"我想要买这个苹果"，然后让孩子来回应我。这样他就能在实际对话中学习如何与人交流。

接下来，我们还会互换角色，让嘟嘟体验不同角色的社交方式。我会问他："如果你是医生，病人告诉你他不舒服，你会怎么做？"通过这样的提问，孩子开始学会从别人的角度出发思考问题。

通过这样的角色扮演游戏，孩子能学会很多基本的社交礼仪，比如轮流说话、倾听别人诉说、尊重他人等。这些技能对他未来的人际交往非常有帮助。正如有句话所说的："穿上别人的鞋子，走一段路，你会发现世界有不一样的风景。"通过角色扮演游戏，孩子能够体验不同的生活，培养同理心，这对他的社交发展至关重要。

（2）故事接龙游戏

你玩过故事接龙游戏吗？这是我们父子俩特别喜欢的晚间活动之一。通常在嘟嘟洗完澡、穿上睡衣，准备听故事然后睡觉之前，我会提议："嘟嘟，咱们来玩个故事接龙游戏吧？"

游戏开始，我会先起一个头，比如："在一个遥远的森林里，有一只非常勇敢的小兔子……"然后我会设置一个悬念，比如"小兔子发现了一张神秘的藏宝图"，接着把讲故事的接力棒交给嘟嘟，鼓励他继续讲下去："嘟嘟，你觉得小兔子会用这张图做什么呢？"

这样的游戏不仅能激发孩子的想象力，还能锻炼他的语言表达能力。嘟嘟会兴奋地接着说："小兔子决定去找宝藏。它跳过了小溪，穿过了草地……"在孩子讲故事的过程中，我会认真倾听，不时地给予反馈，比如点头或者微笑，让他感受到被重视。

当故事进行到一个阶段，我会接过接力棒，添加新的情节，比如"小兔子遇到了困难，需要找朋友帮忙"，然后再次把接力棒交出去，让孩子思考如何解决这个问题。

（3）即兴演说的魅力

这是上面提到的故事接龙游戏的延伸版本。我平时会随便从嘟嘟的玩具箱里挑几个玩具，比如他最爱的孙悟空、小塑料轮船、颜色鲜亮的赛车，还有酷酷的机甲战士。这些玩具，每一个都能在孩子的故事里扮演一个角色。

接着，我会和嘟嘟一起在客厅里找个地方，用枕头、沙发靠垫搭建各种场景，比如赛车跑道、海洋，甚至秘密基地。嘟嘟看到这些，眼睛都亮了，开始兴奋地说起来："孙悟空要开着轮船去参加赛车比赛啦！"

我会顺着他的思路，和他一起编故事。比如，孙悟空怎么用神通广大的法术把轮船变成了赛车，或者机甲战士成了赛车比赛的裁判……嘟嘟讲到哪儿，我就跟到哪儿，时不时加点儿料，让故事更有趣。

有时候，他会卡壳，不知道接下来该怎么办。这时候，我会拿起一个玩具，比如机甲战士，做个动作，说："看，机甲战士好像发现了什么，他要去赛车跑道上设置障碍了！"这样一来，嘟嘟立马有了新想法，故事又能继续讲下去了。

这些年，我眼看着嘟嘟从一个害羞的小男孩变成了一个自信满满的小"社牛"。无论是新朋友还是老朋友，他总能用热情去感染他们。他的社交圈越来越广，他讲的故事也越来越精彩。他不仅在学校里成为了小朋友们的焦点，也成了邻里间那个总能引起欢笑的"小太阳"。

每个孩子都是独一无二的，他们的社交成长之路也许各不相同，但只要我们给予正确的引导和支持，他们都能在自己的"社交王国"中找到适合的位置。

8. 好奇不止：激发孩子的无限潜能

孩子们的小脑袋瓜里总是装满了对这个世界的好奇，他们的问题多得像星星一样数不清。比如，他们会问"恐龙真的存在过吗"

或者"星星为什么会闪"这些小问题。实际上，这是他们探索世界的开始，也是他们学会思考的起点。

英国的专栏作家伊恩·莱斯利写了一本书——《好奇心》，他说好奇心是人类特有的，是我们探索未知世界的动力。所以，保护孩子们的好奇心，不只是因为这代表了他们对知识的渴望，更是为了将来他们能成为解决问题的高手、创新的先锋。

伊恩·莱斯利在他的书中提到，好奇心像一把双刃剑，有两种类型：消遣性好奇和认识性好奇。

· **消遣性好奇**：这种好奇心是对新奇事物的短暂追求，比如刷短视频、关心八卦，这些让我们的生活更加多姿多彩，但同时可能导致我们的注意力分散和兴趣多变。

· **认识性好奇**：这是一种更深层次、持续性的探索欲望。就像孩子看到鸟儿会飞，他不仅觉得"哇，好酷"，而且会问："为什么鸟能飞，人却不能？"这种好奇心驱使孩子去探索更多领域，去学习物理知识、了解空气动力学，甚至可能因此对科学产生浓厚的兴趣。在孩子们的成长过程中，我们需要引导他们从消遣性好奇转向认识性好奇。

1）挑战好奇心的两大障碍

在这个信息满天飞的时代，孩子们的好奇心发展也遇到了大难题。挡住他们的，是两座大山。

（1）被环境牵着鼻子走

下面先来了解第一座大山——被环境牵着鼻子走。现在，人们就像住在一个由电脑程序搭起来的"信息小屋"里。这些程序就像看不见的手，看人们喜欢什么信息，就推送什么信息。程序会挡掉那些我们可能不感兴趣的信息，让我们待在一个只能听得到自己喜欢的声音的"舒适区"里。这种信息是自动送上门的，虽然方便，但也让我们懒得去找其他新鲜事。当信息过于容易获得时，我们对知识的渴望和探索的欲望就会减弱。孩子们的好奇心，就像需要阳光和新鲜空气的小树苗，但被这个"舒适区"罩住了，可能会长不好。那我们怎么打破这个"舒适区"呢？

· 提升家长的媒介素养

想象一下，晚饭后你和孩子坐在客厅里，电视中播放着新闻报道或时事评论。这是一个普通的家庭场景，也是一次亲子互动的机会。你可以暂停电视节目，问问孩子："你认为记者为什么要报道这个事情？""如果你是网站编辑，会选择哪条消息作为新闻头条？"……这样一来，孩子不仅能学会怎么判断时事的重要性、辨别网络信息的虚实，还能学会怎么思考现象背后的逻辑。

· 教孩子使用"青少年模式"

你可以打开孩子常用的社交软件，说："咱们试试这个软件的新功能。"然后教他怎么打开"青少年模式"，告诉他："这个功能可以帮我们过滤掉不适合的内容。"你们一起设置好时间限制和喜欢的内容类型，孩子也学会了怎么控制自己上网的时间。这样，孩子不仅学会了如何保护自己，还感受到了家长的关心——这对孩子很重要。

· 积极参与孩子的网络活动

每个周末，你都可以设定一段"网络分享"时间。在这段时间里，孩子兴奋地向你展示他在社交平台上发现的有趣视频，或者在某个教育网站上读到的有趣文章。你认真地观看和阅读，然后和他一起讨论："这个视频的制作方式很特别,你觉得它为什么吸引人？""这篇文章提出了一个有趣的观点,你怎么看？"……这样的讨论不仅能让你了解孩子的网络世界,还能帮助他学会如何从多个角度思考问题。同时,你也可以以身作则,展示如何在网络世界中保持适度的参与,保护个人隐私。这比任何说教都来得有效。

（2）内部心理的自我设限

接下来,我们来了解阻碍好奇心发展的第二座大山——自我设限。

有时候,孩子心里会有个"小声音",老是在耳边嘀咕"你不行"或者"你做不到"。这可能是因为他以前没做好某件事,别人曾跟他说"你不行",或者是他自己觉得自己不够厉害。这个"小声音"就像一个沉重的包袱,让孩子不敢去尝试新东西。可能就因为一次小小的失败,孩子就在心里认定"我不适合干这个",然后不再去尝试了。这个"小声音"不仅让孩子不再好奇,还让他错过了成长的机会。那我们怎么帮孩子摆脱这个"小声音"呢？

· 正面反馈和积极沟通

平时跟孩子聊天,就像给他的心灵浇水。所以,咱们得注意别浇冷水。比如"你这个不行"或者"你怎么老是这样",这些话就像给花儿浇了冰水,花儿听了都会蔫儿。咱们得换个方式,多夸夸孩子怎么努力、怎么进步,用正面的言语来表达对他的期待和信任。

比如,孩子尝试了一个新游戏,但是没玩好,咱们可以说:"你这次用了新招儿,挺有勇气的。学新东西都得慢慢来,咱们可以一起想想有没有更适合你的办法。"这样的正面反馈和积极的聊天,能让孩子更有信心去面对新的挑战。

·培养成长心态，而非固定心态

你有没有想过，咱们夸孩子"真聪明"和"真努力"的时候，到底有什么差别？心理学家卡罗尔·德韦克的研究告诉我们，这两种夸奖方式会让孩子有不同的想法。

德韦克说的"成长心态"就是觉得能力是可以通过努力提高的，这和那种认为能力是天生的、改不了的"固定心态"不一样。在带孩子的时候，咱们可以用这个理论来保护和培养孩子的好奇心。

比如，咱们夸孩子"聪明"，可能孩子会觉得聪明是天生的，他就会想一直显得聪明。这样他可能就只做自己会的题目，不敢挑战难题，怕显得不聪明。这就是固定心态。

咱们要是夸孩子"努力"，那就是在告诉他，能力是可以通过努力提高的。这种夸奖方式能让孩子不会老想着证明自己，而是把心思放在努力上。这就是成长心态。让孩子知道不用怕失败，失败也是成长的一部分。

2）好奇心的多维度培养

（1）亲自探索的魔力

孩子天生就爱东摸摸、西碰碰，就像小探险家一样。平时带孩子做做科学小实验、手工艺品，或者一起下厨，他不仅能学到新东西，还能边玩边问好多个"为什么"。比如，有一回我和儿子一起做"火山爆发"小实验，他好奇地问我："为啥小苏打和醋混一块儿就冒泡泡呢？"这正是引导孩子探索科学奥秘的好机会。家长可以和孩子一块儿上网搜搜，或者再做几个实验找找答案。这样的动手活动，不仅能让孩子好奇心"爆棚"，还能让他在玩的过程中学会怎么解决问题。

（2）户外探险：让好奇心飞扬

带孩子去公园，就像带他去一个不用买票的探险乐园。你有没有试过让孩子蹲在地上，看看蚂蚁怎么抬着比自己身体还大的食物回家？或者在秋天，让孩子捡起地上的落叶，看看它们怎么从绿色变成黄色？这些小事，其实就是孩子探索世界的大好机会。孩子在大自然里看到的每一样新奇东西，都能让他的小脑袋瓜里冒出好多个"为什么"。

比如，孩子可能会好奇地问："为啥树叶到了秋天就变颜色了？""蚂蚁怎么认路，不会迷路吗？"这时候，咱们就可以和孩子一起探讨，或者回家之后翻翻书，一起找答案。

（3）博物馆：好奇心的实验室

莱斯利的理论告诉我们，孩子碰到新鲜事儿的时候，他的好奇心就会被"点亮"。在博物馆里，孩子能近距离看到真正的恐龙化石，甚至摸到古老的石器，这种亲身感受比看课本上的图片更震撼。我们在带孩子参观博物馆时，需要注意以下几点。

· **避免压力式提问**。我曾经在博物馆中看到，一位家长指着一只巨大的恐龙的化石，期待地问孩子："这个恐龙叫什么？"孩子迷茫地摇摇头。家长的脸上闪过一丝失望："昨天不是刚告诉你吗？"孩子低下头，小声嘟囔："我记得它很大，但名字……"家长的期望变成了孩子的压力，本应充满好奇的双眼，那一刻却只剩灰暗。

· **关注孩子的兴趣**。有的家长认为，那些"重要"的展品才能给孩子最好的教育，却没注意孩子的注意力已经飞到了那些他真正感兴趣的东西上。在这种时候，家长认为的"重要"可能就成了孩子心里的"无聊"。孩子可能会觉得，自己的兴趣并不重要，只有家长眼中的"重要"才值得一看。这不仅会让孩子对博物馆失去兴趣，还可能影响他对学习的态度。

· **放慢脚步，享受过程。**孩子在某个恐龙化石前瞪大了眼睛，或者在某个古代陶器前停留很久。这时，才是他真正吸收知识的宝贵时刻。家长不妨放慢脚步，别让"看完所有展品"成了束缚孩子的枷锁。即使一天只参观了一两个展区，只要孩子能从中得到乐趣和收获，这次博物馆之旅就是成功的。

（4）互动阅读：激发好奇心的探索

阅读是另一种激发孩子好奇心的有效方式。通过阅读，孩子可以进入一个全新的世界，探索不同的文化、历史和科学知识。在家庭阅读活动中，家长可以采取以下方法来激发孩子的好奇心。

· **把阅读当游戏。**家长可以和孩子一起扮演书中的角色，或者根据书中的情节开展角色扮演游戏。这样的互动不仅能增加阅读的趣味性，还能激发孩子的想象力。

· **引导，而非灌输。**当孩子提出问题时，我们应该引导孩子自己去思考和探索，而不是直接给出答案。例如，孩子问："大白鲨为什么是海洋里的大坏蛋？"家长可以反问孩子："你认为大白鲨是坏蛋吗？有没有可能它们只是在做为了生存必须做的事情呢？"

· **从书中到现实，锻炼观察能力与表达能力。**每个孩子都天生具备一种敏锐的观察能力，他们能够洞察那些成年人时常"视而不见"的细节。我们可以鼓励孩子将书中的知识与现实生活联系起来。平时我也不断创造机会，让儿子将观察能力和表达能力付诸实践。例如，在公园散步时，我会提出问题："嘟嘟，树叶在秋天为什么会变黄呢？"他的回答简单却充满了童真和创意："可能是因为树叶累了，想换上新衣服休息一下吧。"

3）好奇心的保护：一项长期任务

保护和培养孩子的好奇心是一项长期任务，就像种花一样，得慢慢来，不能急。现在这个世界，孩子能接触到的东西太多了，不光是外面的花花草草，还有家里的智能设备、电脑里的代码，甚至能和咱们聊天的人工智能。孩子不光会对大自然好奇，还会对这些新奇玩意儿好奇。

保护好奇心，就是给孩子一个温暖、被理解的环境。说到底，**教育的艺术不在于填满水桶，而在于点燃火焰，让好奇心的火焰越烧越旺**。在这样的环境中，孩子的每个"为什么"都能被听到，每次尝试都能得到鼓励。比如，孩子好奇家里的智能音箱是怎么工作的，咱们可以一起上网查查资料，或者动手拆开音箱看看里面有什么。这样的探索，不仅能满足孩子的好奇心，还能让孩子觉得学习和探索新事物是件好玩的事。

好奇不仅意味着问问题，更是对生活的热爱和对知识的渴望。现在。人工智能就在我们身边，我们可以和孩子聊聊人工智能时代的一些大问题，比如怎么保护个人隐私，怎么让科学技术帮到每个人……这些讨论，不仅能帮孩子建立起对社会的责任感，还能让他知道自己的行为对世界有多大影响。

我觉得，只要咱们用心，这份努力就能在孩子心里种下好奇、探索和创新的种子，让孩子在未来的生活中绽放出无限的可能性。

五、家庭和谐秘诀

1.全局视角：你我都不是孤岛

家，就像我们最熟悉的老舞台，每天都有新戏上演。在这个舞台上，爱、期待，甚至磕磕碰碰和误会，都在悄悄地编织着我们的故事。**要想看懂家庭这台大戏，我们就得学会从全局出发，看看这个"家"是怎么一回事。**

家庭治疗大师米纽庆是这样描述"家"的：家就像一台精密的钟表，每个家庭成员都是钟表里的一个齿轮，任何一个齿轮的转动都会影响整个钟表的走时。这意味着，我们不能只看一个人的问题，而应该把家看成一个整体，从整体出发去理解和处理家里的事情。首先，我们来看看家庭中最常见的三个矛盾点。

· 自主与归属。

想象一下，孩子渐渐长大，开始渴望独立，想自己决定穿什么、吃什么、去哪儿玩。这就是所谓的"翅膀硬了"，孩子想要飞得更高、更远。但同时，家永远是孩子温暖的港湾，无论孩子飞到哪里，总希望家里有一盏灯为自己亮着。这种想独立又舍不得家的感觉，就是家庭中一个常见的矛盾点。父母既想让孩子自由飞翔，又担心他飞得太远，这种拉扯感是很多家庭都会遇到的。

· 亲密无间与个人边界。

家是分享爱和温暖的地方，但每个人也希望有自己的小天地。比如，你想在周末静静地读书，而你的另一半想和你聊天。再比如，你的孩子想在家里拥有一个独立的房间来存放秘密和梦想。在亲密无间和保留个人空间之间找到平衡，是家庭生活中的一大挑战。我们既想和家人亲密无间，又不想失去自己的小世界，这个度很难把握。

·期望管理与现实相适应。

每个家庭都有梦想和期望，比如父母希望孩子能考上好学校，家庭成员希望每个人都有份好工作。这些期望像一座座山，有时候压得人喘不过气来。但现实中往往事与愿违，孩子可能对学习没兴趣，家庭成员可能更喜欢从事自由职业。当期望遇上现实，就像两列火车在同一条轨道上相遇，要么一方让路，要么撞个满怀。如何处理这种期望与现实之间的矛盾，是每个家庭都需要面对的问题。

以上这三个矛盾点，几乎每个家庭都会遇到，这是家庭生活中的常态。理解这些矛盾，并学会妥善处理它们，是家庭和谐的关键。接下来，我们就一起来感受一下，一个家庭中的矛盾是怎么出现，又怎么被解决的。

有一个家庭让我印象深刻。那是一家三口，爸妈找我咨询是因为女儿在国外读大学后体重急剧增加，想让我劝劝女儿赶紧减肥。女儿在国外的名校上大学。一个曾经身材苗条、活泼开朗的女孩，到了大学后体重从 100 斤增加到了 140 斤。爸妈想不通，那个过去很自律的女儿，怎么会变得如此"不可理喻"。爸妈都是上市公司的高管，在日常生活中温文尔雅。在谈起女儿的"失控"时，他们眼中流露出了难以掩饰的焦虑和愤怒。

乍一看，这似乎是一个有关女儿个人体重管理的问题，只要女儿体重减轻，就能让全家人感到满意。但是，如果我们从全局视角进行审视，就会发现问题远比表面现象复杂。

女儿的体重急剧增加，是不是压力过大引起的？女儿是否遭遇了某些挫折，导致体重增加？或者，这是不是她从长期高压的环境中解脱出来，开始自由生活的一种表现？还有，女儿是否并不愿意在国外生活，但由于缺乏来自家庭的情感支持，因此感到无助，甚至产生了自暴自弃的念头？

　　带着这些问题，我问女孩的爸爸："你们对女儿的期望是不是很高？"爸爸沉默了一会儿，然后直言不讳地说："不瞒你说，家里只有这么一个女儿。我们的思想比较传统，总觉得她应该像儿子一样有出息。"

　　女孩的妈妈也加入进来，说："我其实不是担心她胖不胖的问题，只是觉得她胖起来了就是不爱自己的表现。爱自己怎么会让自己胖起来呢？一个女人怎么可以对自己没有要求呢？"

　　这个时候，他们的女儿耷拉着头，一言不发。我问女儿："你觉得是什么让你的体重不受控制的？"女儿的声音低沉而迷茫："我不知道。我总觉得以前那个瘦瘦的自己，是被压榨出来的。"

　　话音刚落，爸爸马上凶她："你怎么能说我们在压榨你呢？现在是谁在压榨谁啊？我们辛辛苦苦这么多年，有需要你回报什么吗？不就是希望你活出一个人样来吗？"

　　从这些对话当中我们可以看出，女儿的体重增加，表面上看是她个人的问题，但实际上是整个家庭相互作用的结果。如果我们用全局视角来看这个问题，就会发现，女儿的体重问题，只是家庭关系网中的一个结。这个结，牵扯着爸妈对女儿的期望、女儿对自我的认同，以及家庭成员间的沟通和理解。

　　爸爸希望女儿能够强大、独立，因为在他的成长背景中，这是成功的象征。妈妈则希望女儿能够自爱，保持身材，因为这在她看来是女性自尊和自爱的表现。这些期望，虽然出自爱，但在女儿看来，却变成了一种压力。她感到自己被父母的期望塑造成了一个不是自己的人，这种压力让她感到窒息。在国外独立生活，没有了父母的日常监督，她开始放松对自己的要求，这在一定程度上是对过去高压生活的一种逆反，也是她对自我的一种探索和解放，更是她在新环境中寻找自我认同的一种方式。

所以，当我们基于全局视角看家庭关系时，会看到三个有意思的发现。

· 谁都不是一座孤岛。

家庭里的各个成员就像大海里的一滴滴水，看似独立，其实和周围的水是分不开的。马克思说过，人的本质是社会关系的总和，这句话用来形容家庭关系特别贴切。在家庭这个小社会里，每个人的情绪、行为都会影响其他人。就像你高兴了，家里人也会跟着开心；你难过了，家里人也会跟着担心。所以，我们每个人都活在关系当中，没有谁能独善其身。

· 问题和解决方案是一对孪生兄弟。

在家庭这个大系统中，问题一般是怎么产生的？很多时候，是家庭成员之间的互动模式出了问题。比如，父母对孩子期望太高，孩子感到"压力山大"；或者孩子太叛逆，父母感到头疼。这些问题听起来像是一方的错，实际上，它们是家庭成员共同参与的结果。

所以，我们不能简单地把责任推给某一方，说什么"都是原生家庭的错"或者"都是孩子不懂事"。这种论调只会加剧家庭矛盾，把两方的关系对立起来。我们应该认识到，问题是由家庭成员共同造成的，那么解决方案也必然产生自家庭成员之间的互动之中。

· 学会课题分离，让每个人都能呼吸。

在处理家庭问题时，我们要学会课题分离，要搞清楚哪些是自己的事，哪些是别人的事，这些事最后由谁去执行。比如，女儿的体重问题，这是女儿自己的课题，她需要自己去面对和解决。父母对女儿的期望，这是父母的课题，他们需要自己去调整和处理。

做好课题分离，可以让每个人都能呼吸，都有自己的空间。父母不必为孩子的事情操碎了心，孩子也不必被父母的期望压得喘不过气。每个人都能关注自己的课题，这样家庭关系才能更和谐。

回到前面的案例。为了帮助他们走出困境，我带着这个家庭开始一段课题分离和自我认同探索的旅程。我鼓励女儿与爸妈进行开放而坦诚的对话，表达她的感受和需求。同时，我们引导爸妈理解女儿的成长需要，学会放手，让女儿有机会自主地探索和成长。

我建议爸妈下次和女儿视频通话时，先别急着提体重的事，可以问她最近有什么新鲜事、学校里有什么有趣的课程。让她感觉到爸妈最关心的是她的快乐和成长。

随后，我转向女儿，轻声问道："我听你爸妈说，他们很担心你。你怎么想？"

女儿低头玩着手指，小声说："我知道他们担心我，但我感觉被束缚了。"

女孩的爸爸叹了口气，表达了他的担忧："我们一直希望她能保持优秀，但现在这样，我们真的很担心。"

我点头表示理解，并试图安慰他们。我解释说，女儿现在的样子也是她成长的一部分。她在国外独立生活，这是她第一次尝试按照自己的意愿来生活。

女孩的妈妈也表达了她的忧虑："我们就怕她走弯路。"

我微笑着回应，提醒他们，在成长的路上谁不会走弯路呢？重要的是，我们要相信她有能力找到自己的方向。

面对女儿的欲言又止，我柔声说："我明白你的感受。自由和被理解，是我们每个人都渴望的。但你知道吗？你爸妈的担心，其实是他们爱你的另一种表达。"

女儿抬起头，眼中闪过一丝光亮："但我不想让他们担心。"

我鼓励她："担心是父母的本能，尤其是当他们看到你有变化时。你能不能找个时间，和他们坐下来，就像大人之间聊天一样，聊聊你的生活、你的梦想，还有你的担忧？你不需要说服他们，只需要让他们知道，你已经长大，有自己的打算和计划。"

女儿想了想，说："我可以试试。"

咨询结束后没两天，女孩的爸妈就向我分享了喜讯：女儿不仅不再抗拒锻炼，还主动拉上他们一起去跑步、游泳。后来，短短一个月内，她成功减重10斤。这个转变，不仅体现在体重的数字上，更在于她内心的积极变化。为了感谢我的帮助，一家人还特意请我到家里吃西餐。

虽然我不知道他们是怎么交流的，但显然，他们找到了一种新的相处模式。爱，不是硬塞给对方一堆规矩和期望，不是单向地发指令，而是手拉手地陪伴，心贴心地倾听。他们开始意识到，家里的每个人都是独一无二的，都有自己的小目标和大梦想。爸妈不再只是跟女儿说"你得这样，你得那样"，而是成了她的"好伙伴"和"好听众"。

他们开始真心地尊重女儿的选择，哪怕有的选择和他们想的不一样。他们给了女儿足够的空间去尝试，去探索，去追梦。他们知道，在成长的路上难免会有磕磕碰碰，但"不经历风雨，怎么见彩虹"？

女儿也感受到了来自父母的理解和支持。她知道，无论自己选择哪条路，爸妈都会是她坚强的后盾，给她力量，给她勇气。这份爱，给了她温暖，也给了她信心。

从全局视角去看家庭关系，我们会知道每个人都有自己可以努力的方向，而且一点点的改变，就可以事半功倍。也只有当我们从全局出发，看到自己在家庭关系中的"影响力"时，我们才会真正利用好这份"影响力"，不肆意妄为，也不轻易低估。

2. "情感"与"实际"：读懂家里的两件事

我常常说，关系里只有两件事——"实际的事"和"情感的事"。对家庭关系来说，更是如此。这两件事就像家庭生活中的两条轨道，时而并行，时而交错，共同推动着家庭故事的发展。

"实际的事"就是指我们能够直接看到或触摸到的——日常的琐事、决策、互动。比如，孩子学校的选择、家庭财务的规划、周末的家庭聚会。它们就像家庭生活的骨架，支撑着家庭的结构。

"情感的事"则是指我们内心深处的情感波动和心理活动。它们可能不那么显而易见，但却是家庭氛围的血液，滋养着家庭成员之间的情感联系。比如，对孩子的期望、对伴侣的依赖、对家庭未来的担忧。

在家庭生活中，那些看似简单的小事往往能引发激烈的争执，而这些争执背后，往往隐藏着更深层次的情感问题。这里分享一个我在做家庭咨询中遇到的真实案例，有一位女企业家认为她的女儿太娇弱了，需要好好磨炼，于是找了教练让女儿学习散打，希望她能有点儿出息。然而，女儿的爸爸坚决反对，他认为女儿太过柔弱，担心这样的训练很容易就把孩子练坏了。

在一次咨询中，孩子的妈妈坚定地说："我就是希望她有点儿年轻人的样子，变得更加独立和坚强。"爸爸立刻激动地反驳："你要是敢送她去练，我就跟你没完！你难道不知道她连拿起一瓶水都费劲吗？送去练散打，那不是要了她的命吗？"

妈妈试图解释她的立场："我知道你担心她，但我觉得这是对她成长有益的。你怎么就看不到我的良苦用心呢？"爸爸却摇头道："我不同意！我不能眼睁睁地看着她出意外。她是我们唯一的孩子，我不能冒这个险。"

这看起来是一件"实际的事"——一个关于教育和成长的问题。但深入探讨后，我发现这背后隐藏着丰富的"情感的事"。你可以试着思考：

· 这个"实际的事"背后，家庭成员的情感需求是什么？

· 我们如何平衡这些情感需求，以实现家庭和谐？

· 我们如何通过沟通和理解，让"情感的事"得到表达和满足？

在处理这样的家庭事务时，我们需要做的不仅仅是解决表面上的争议，更重要的是探索和理解背后的情感需求。在我看来，这里面的情感需求至少有下面三点。

· **爸爸的担心和恐惧**：爸爸不让孩子去学散打，是因为他太担心女儿的安全了，也不太相信女儿能自己照顾好自己。他与孩子的妈妈争吵，其实是本能地想保护女儿，以及害怕女儿失去他的保护。

· **妈妈的期望和挫败感**：女企业家想让女儿学散打，是希望女儿能独立，能坚强。她这么坚持，是因为相信女儿能做到，也是因为她对女儿的未来充满了期待。但在争吵中她感到挫败，因为她觉得老公没理解她的良苦用心，也没考虑到女儿成长的需求。

·**夫妻之间的权力斗争：**这场争吵可能还暴露了夫妻在教育孩子和做决定方面的权力斗争。每个人都想让对方听自己的，这种斗争背后其实是对家里谁更有话语权的竞争。

接下来，我分享三个窍门，它们是调节家庭关系的"私房秘籍"。用得好，能让你在家庭这个小江湖里混得风生水起。

1）别只听表面的，要听心跳

就像听一首歌，不能只听旋律，还要感受歌词中蕴含的故事。跟家人聊天时，别只听他们说了啥，更要感受他们语气里的起伏、眼神里的躲闪，那才是他们真正的"歌词"。

在我的咨询工作中，经常遇到这样的情况：夫妻或家庭成员之间的对话看似简单，却蕴含着深层的情感。比如，一句"在干吗"可能包含了几许想念，"你怎么了"则隐藏着一些在意，"你忙吧"是在表达"我感到被忽视"的委屈，"我等你"可能包含了"我愿意为你忍受孤独"的心酸，"算了吧"可能隐藏着"我感到失望"的伤心，"我懂了"是在透露"我感到无助"的无奈，"那好吧"可能包含着"我只能被迫接受"的悲凉。这些日常的交流言语，每一句都可能是情感密码，需要我们去解码。

这就是关系中的语言，可是很多人都没有正确地领悟。在我的咨询实践中，常常要帮助来访者学会倾听这些话语背后的心跳，去感受和理解对方真正的情感需求。

比如，我经常看到一些夫妻在争吵时，只是关注对方说了什么，而没有去感受对方语气里的愤怒或是悲伤，而我知道，那正是他们真正的"歌词"，是他们内心深处想要表达的情感。所以，我会轻声地问他们："听起来你们在讨论日程安排，但我感觉这背后可能有更深的感受。你们能分享一下这背后的故事吗？"通过这样的提问，我帮助他们打开心扉，表达真正的担忧和感受。所以，别只听表面的，要听心跳，这不仅是对夫妻，也是对所有家庭成员的沟通建议。

2）穿上他的鞋，走走看

在我做咨询的时候，经常观察到父母与孩子之间的互动是单向的，父母急于教导孩子，而忘记了站在孩子的角度去感受他的世界。比如，孩子遇到难题了，父母可能上来就说"你应该这么做"，而不是先问问孩子是怎么想的，或者他心里是啥滋味。

记得有一次，一个孩子考试没考好，特别难过，父母也挺失望的。我跟父母说："咱们换个角度想想，如果你在工作中遇到难题，比如一个项目没做好，你希望老板怎么对待你？"这样一说，父母就明白孩子的心情了，他们也开始试着从孩子的角度出发，去理解孩子的压力和心情。

有个孩子的爸爸跟我说："要是在工作上失败了，我也希望老板知道我尽力了，不只是看结果。"这种理解，真的能让孩子感觉到父母是站在他这边的。这样，亲子关系就能更亲近了。

所以，父母和孩子聊天的时候，别急着告诉他该怎么做。想象一下，穿上对方的鞋走两步，是不是感觉不一样？试着从孩子的角度出发，感受他的世界。爱，就是在别人的故事里看到自己的影子。然后，用简单的话安慰孩子，比如"要是我碰到这种事，可能也会觉得挺难的"。这样的同理心，能让孩子感觉到被关心、被理解。毕竟，感同身受就是最深的爱。

3）别急着当老师，先当个好学生

当家人开始倒苦水时，别急着给他上课，先当个好学生，耐心听他讲完，然后用开放式的问题引导他，例如"这事发生后，你最在意的是什么"，或者"你希望我怎么帮你"。这样，你不仅能听到他的心声，还能让他感到被尊重。

如果在对方向你倾诉时，你急于当老师，而不是先当个好学生耐心听他讲完，那么这种帮助往往是无效的。在一次家庭咨询中，我遇到了一个焦虑的母亲，她的女儿最近开始叛逆，不再愿意和她分享心事。我建议母亲先不要急于给出建议，而是通过开放式问题来倾听女儿的感受："你最近似乎有些心事，能告诉我你最关心的是什么吗？"通过这种方式，女儿感到被尊重和理解，就会打开心扉，分享她在学校的社交压力和对未来的担忧。母亲通过倾听，学会了如何更好地支持女儿，而不是仅仅提供解决方案。

我们发现，家里的每一件事，不管是决定谁去倒垃圾，还是孩子要不要学散打，都不是单纯的任务，它们都连着家里人的心。这些小事，其实都是咱们家庭关系里的小测试，测试咱们能不能在实际的需要和情感上的期待之间找到平衡。本节讨论了如何在这些小争执中实现更深层次的沟通和理解，如何在每一次对话中不仅交换意见，而且交换心灵。这样，家就会变成一个无论家人走到哪里都会想念的地方。

3. 家庭周期：理解家庭变化的发展规律

作为一名咨询师，我有幸见证了许多家庭的成长与变迁。每个家庭都有其独特的故事，但也遵循着普遍的规律——家庭生命周期。

这个概念不仅能帮助我们理解家庭的发展过程，还能为我们提供改善家庭关系的钥匙。

1）形成阶段：家庭的诞生

家庭的形成阶段是家庭生命周期中最为关键的时期之一，它为家庭的未来奠定了基础。

（1）共同生活的开始

每个家庭的起点不尽相同，但有一个共同点——两颗心的相遇。我见过很多来访者，他们谈起和另一半的初次相遇时，眼睛里都闪着光。可能是在朋友的聚会上，一个不经意的笑话让两个人笑成了一团；或者是在书店的转角，两双手同时伸向同一本书。这些相遇，就像电影里的情节，却真真切切地发生在我们的生活中。

当两个人决定搬进那个小而温馨的公寓，开始共同生活时，就像开启了一段新的探险。记得有个来访者跟我说，她和男朋友第一次搬家时，两人兴奋地贴墙纸，结果贴歪了，最后整个房间都变得歪歪扭扭，但他们看着彼此笑个不停，那个房间成了他们最爱的"歪歪屋"。

（2）分享空间与磨合习惯

共同生活意味着要分享空间、磨合习惯。有个来访者曾抱怨说，她的另一半总是把袜子扔在地板上，而她是个极度要求整洁的人。一开始，这成了他们之间的小摩擦诱因，后来，她学会了在对方乱扔袜子时轻轻地提醒，而他也学会了在看到她皱眉时，赶紧把袜子捡起来。这些小摩擦最终都化为增进相互了解的契机。

（3）争吵与和解

在家庭中，争吵在所难免，但重要的是如何和解。我见过一对夫妻，他们因为谁应该去倒垃圾而大吵一架，最后决定用"石头剪刀布"来决定，结果这个小小的游戏成了他们解决家务纷争的法宝，也成了他们之间的小乐趣。

（4）建立共同的价值观和目标

在这个阶段，两个人开始讨论和决定未来的规划。有个来访者告诉我，她和丈夫在决定是否要孩子时，有过很长的讨论。他们坐在厨房的桌子旁，手里拿着茶杯，讨论了整整一个晚上。最后，他们决定先养一只小狗，体验一下照顾小生命的感觉。这个决定让他们的关系更加紧密。

（5）形成家庭文化

形成家庭文化，是形成阶段的一个重要部分。家庭文化，其实就是指家里的习惯和规矩，也是家庭生活的精髓所在。就拿《四个春天》这部纪录片来说吧，它就像一部温馨的家庭日记，记录了一对老夫妻和他们的孩子们的日常生活。在纪录片里，老父亲是个乐器爱好者，母亲则喜欢哼唱小曲。这个场景，是不是让你想起了自家小区里那位退休的老王？他总是喜欢在午后的阳光下，悠闲地拉着二胡，唱着那些经典的老歌。他们的生活虽然简单，但充满了乐趣和温馨，这种对生活的热爱和享受，正是他们家庭文化的一部分。

2）扩展阶段：成长的快乐与挑战

随着新生命的到来，家庭进入了扩展阶段。在这个阶段，我们开始学习如何成为一个父亲或母亲，如何平衡工作和家庭，如何在忙碌中找到彼此的支持。在这个阶段，家庭的每个成员都在成长，都在学习如何更好地爱和被爱。一般来说，扩展阶段会有以下特点。

（1）身份与责任的转变

宝宝一来，咱们的身份就升级了，从老公老婆变成了爸爸妈妈。以前周末可以睡到自然醒，现在宝宝一哭就得立刻变身超级爸妈。咱们开始琢磨怎么在照顾小宝贝的同时，不忘给对方留点儿甜蜜。有时候，宝宝半夜哭闹让人头疼，但看到他咯咯笑，什么烦恼都烟消云散了。

（2）生活节奏与经济的调整

小家伙一来，咱们的作息时间全变了，宝宝的作息时间就是家庭的作息时间。以前可能还熬夜追剧，现在却要半夜起来喂奶、换尿布。周末的懒觉成了奢望，因为宝宝一醒，大家就得开始新的一天。说到钱，宝宝的开销可不少，尿布、奶粉、衣服……样样都得花钱。咱们得开始算计着过日子，宝宝的教育基金也得提前打算了。

（3）社交与情感的适应

有了宝宝，咱们的社交圈也得跟着调整。以前周末还能和朋友"出去嗨"，现在得先想想宝宝怎么办。晚上，当宝宝终于安静下来后，咱们坐在沙发上，一边喝着咖啡，一边分享当天宝宝的成长点滴。咱们可能会喜悦地回顾宝宝学会的新技能，比如第一次翻身、第一次坐起来，这些小小的进步都让咱们感到无比骄傲。

3）稳定阶段：稳定与成熟

这个阶段的家庭生活主要是关于适应变化、支持成长和规划未来的。在享受孩子成长带来的喜悦的同时，我们也在为家庭的下一个阶段做准备。这个阶段主要有以下几个特点。

（1）孩子开始有自己的小世界

就像你发现的那样，孩子现在更愿意在自己的房间里和朋友煲电话粥，或者在社交媒体上与好友聊天，而不是缠着你问东问西。你可能得适应这种变化，比如在他需要你的时候出现，在其他时间里则给他足够的空间。

（2）家庭话题更多地是关于未来的

餐桌上的对话从"今天在学校怎么样"变成了"你将来想做什么"，你和你的另一半开始更多地考虑如何帮助孩子规划他的未来，比如讨论他的兴趣和职业选择，甚至一起浏览大学资料。

（3）中年人的自我反思

你发现自己和伴侣开始更多地思考个人的生活。比如，你可能会想：我这辈子就这样了吗？我还有什么梦想没实现？这可能促使你们俩去尝试新事物，比如一起参加舞蹈课，或者计划一次长途旅行。

（4）钱的事变得更实际

孩子长大了，花钱的地方也开始不一样了。你可能会开始更多地考虑如何为孩子的大学教育存钱，或者为自己的退休生活做打算。这可能意味着你们俩会在周末里坐下来，一起看看投资账户，或者讨论是否再买一套房子。

（5）准备迎接空巢期

随着孩子长大离家的时刻越来越接近，你可能会开始想象家里只有你和你的另一半的日子。这让你感到既兴奋又有点儿失落。你们可能会开始计划一些只有两个人的活动，比如重新装修客厅，或者一些浪漫的晚餐约会。

4）收缩阶段：空巢的适应

在这个阶段，孩子终于长大成人，离家去追求自己的梦想。《四个春天》里那对老夫妻，虽然孩子不在身边，但他们依然把日子过得有声有色。这就是空巢期生活的真实写照。收缩阶段有以下三个特点。

（1）重新点燃夫妻关系

孩子长大了、离家了，家里突然安静下来，这时候夫妻俩就得重新找回两人世界的感觉。这就像老夫老妻重新开始约会，找回当年的激情。可能得一起尝试新事物，比如一起上个舞蹈课，或者晚上一起散散步、聊聊天。这个时期，夫妻之间的沟通和共享时光变得尤为重要，它能帮助两人重新连接，增强彼此间的情感纽带。

（2）重新定义自我

孩子不在家，夫妻俩可能会面临身份的转变。以前是"某某的爸爸"或"某某的妈妈"，现在可以更多地做回自己。这可能意味着重新规划职业生涯，或者投身于志愿服务，寻找新的生活目标和自我价值。这个阶段，夫妻俩有机会去探索自己的兴趣和激情，比如学习新技能、参与社区活动或者旅行，这些都是重新定义自我和找到新生活意义的方式。

（3）适应新的生活节奏

孩子长大离家后，生活节奏自然会变。以前可能是主要围着孩子转，现在可以慢下来，享受慢生活。比如，可以安排更多的时间去旅行，去看看外面的世界，体验不同的文化和风景。或者，可以开始早睡早起，享用悠闲的早餐，或者在公园里悠闲地散步。这种新的节奏让生活变得更加自在和舒适，也让夫妻俩有更多的时间和精力去关注自己的健康和幸福。

5）生命的黄昏：空巢与解体阶段

当孩子的笑声不再回荡在走廊，当冰箱上的照片定格在了某个毕业季，我们就知道，生活翻开了新的一页。这个阶段，既是晚年的宁静，也是生命的终章，是关于回忆、传承和珍惜的时期。

这时候，家里可能多了一些新成员——孙子、孙女。他们的笑声和好奇的眼神，给这个家带来新的活力。老两口开始教孙子、孙女怎么包饺子，怎么打太极拳，这些传统的手艺和生活方式，就这样一代代传了下去。

最终，我们都要面对生命的结束。这时，处理情感的传承，找到内心的平静，是我们共同的课题。我们可能会回顾一生的点点滴滴，感慨时光的流逝，同时珍惜与家人共度的最后时光。

咱们每个家庭的生活，都像是一部精彩的连续剧，从开场到落幕，每个阶段都有它的特色和意义，每个角色都有自己的故事线，每个转折都充满了情感和变化。家庭周期，就是这部连续剧的剧本，记录着从孩子呱呱坠地到儿孙满堂的欢声笑语，记录着咱们从年轻时的奋斗到晚年时的宁静中的各种场景。

最终，当这部剧渐渐走向尾声，我们回首过往，看到的是一幕幕温馨的画面，是一段段难忘的回忆。我们的家，就像一部长盛不衰的连续剧，每个角色都在其中找到了自己的位置，每个故事都让我们的家庭关系更加紧密、更加珍贵。

4. 家的天平：家到底是讲情还是讲理的地方

在家庭中，常常会出现"讲情"和"讲理"的对立。你是不是遇到过这样的时刻：心里明明有爱，说出来的话却是硬邦邦的；明明觉得自己有理，却不小心伤了家人的心？谁都希望家里和和气气的，但有时候，那些类似"我这可都是为了你好"的真心话听着就是让人感觉膈应，那些类似"我哪儿错了"的问句却让家里的气氛更紧张。

我见过不少这样的家庭故事。在每个故事里头，爱是满满的，理也是足足的，可就是找不着那个平衡点。这就不禁让人困惑，家到底是讲情还是讲理的地方呢？

1）讲情：家的温暖所在

"讲情"有多重要？我想，每一个用心经营家庭的人都深有体会。在我们家，有一个隐形的情感账户，我们每天都往这个账户里"打款"。比如，每天的拥抱和亲吻，不仅仅是一个动作，更是我们对彼此说"我爱你"的方式，是我们在情感账户里存入的小小的爱。

我在工作中常常会被问到：你跟自己老婆也会吵架吗？当然，我们偶尔也会拌嘴。这时候，我们情感账户里的"存款"就显得尤为重要。因为有了足够的"存款"，哪怕是在争吵中，我们也能够回想起彼此的好，回想起我们共同度过的美好时光，这让我们更愿意去理解和原谅对方。

我见过很多家庭，一争吵就闹得不可开交，甚至走向离婚。很多时候，这些争吵并不是因为眼前的事情，而是很多过去的情感需求没有得到满足，积压的情绪爆发了。这些家庭的情感账户可能长期处于"透支"状态，没有足够的"存款"来应对挑战。

比如，当你的爱人在家庭聚餐中不小心打翻了调料瓶，你会如何应对呢？如果选择不讲情，可能会责问：怎么这么不小心？这是谁的过错？造成了多大的混乱？但如果选择讲情，你会关心地问：

有没有伤到自己？衣服有没有弄脏？我们一起来处理这个小意外吧。调料瓶打翻了没关系，重要的是你没事！

因此，我们需要确保情感账户中始终有足够的"存款"。我们知道，只有不断地通过"讲情"存入爱和关怀，才能在关键的时候不掉链子。

2）讲理：家的秩序之源

老话说得好："有理走遍天下，无理寸步难行。"这道理放在家里也一样，家里的一些事也得讲个对错。对于家庭成员，错了就是错了，对了就是对了，不能因为都是自家人就混淆是非。咱们常说"情理之中"，就是说感情和道理要结合起来，这才是正道。感情虽然温暖人心，但也不能什么都包容。如果总是无原则地让感情压倒道理，那道理就失去了尊严，感情也会贬值。

对于家庭来说，"讲理"就像是房子的地基。没有坚实的地基，房子就建不稳；做不到"讲理"的家庭，和睦就只是空谈。我们通过讲理，让每个人都能在家里有一席之地，让每个人的意见都能被听到。这样的家庭，才能经得起时间的考验，才能在风雨中屹立不倒。

在我们家里，讲理不仅仅是嘴上说说，而是落实成了家规。这些家规，虽然看起来挺普通，但其实是我们保持家庭和睦的小窍门。

比如，我们家有个铁打的规矩——"矛盾不过夜"。不管是因为孩子作业还是家务分配起了争执，我们都会尽量在睡前把话说清楚，不让问题拖到第二天。这个规矩看起来容易，做起来可不简单。有时候，大家火气都上来了，需要冷静一下，但我们心里都明白，冷静不是逃避问题。我们会找个合适的时机，坐下来慢慢聊，直到大家心里都舒坦了，找到一个大家都能接受的解决办法。这样做，我们学会了倾听，学会了理解，也学会了妥协，家里的气氛也因此变得更加融洽。

而且，在我们家里，不管吵得多厉害，我们都不会说出"离婚"这样的狠话。我们知道，有些话说出口就像泼出去的水，收不回来。这种默契，让我们在争吵时也能保持一定的理智和尊重。

在称呼对方的父母时，我们也有自己的讲究。我们不会把"你爸""你妈"挂在嘴上，而是统一称呼，我的父母是"老爸""老妈"，夫人的父母则是"阿爸""阿妈"。这个小小的细节，让我们感觉更亲近，也让孩子知道，我们都是一家人。这种称呼上的统一，是我们讲理的一部分，它让我们的生活更有条理，也让我们的关系更牢固。

3）情与理的平衡

（1）不讲没有底线的情

在家庭中，把情讲好是至关重要的，但这种情不应该是无底线的。我曾经接待过一位来访者，一位在职场上备受尊敬的女性，她在家面对丈夫时，常常会显得情绪化，甚至无端发脾气。她的丈夫很不解："你平时那么明白事理，怎么到了家里就变了个人似的？每次都冲着我来呢？"她回答："在外面我得装坚强，但在你面前，难道就不能做自己吗？我不在你这里宣泄，我去哪里宣泄呢？你是我老公，受点儿气就不行了？"

这反映了一个现实问题：在家里自在是否意味着可以随心所欲？是否意味着不需要自我约束？家，固然是谈感情的地方，遇到磕磕碰碰的时候，要用心去理解对方，用爱去化解那些小疙瘩。

然而，家庭中的爱应该是相互的、有原则的、有底线的。我常听人说"家是讲情不讲理的地方"，这意味着家应该是一个充满爱和理解的港湾。但有时候，这句话却被一些人拿来当挡箭牌，变成了对伴侣进行"情感绑架"的工具。这就变味儿了。

打着"家是讲情的地方"的旗号，有些人就开始了自己的情感"独裁"。他们用这句话来回避问题，逃避责任，甚至压制对方的声音。这不是温暖，这是操控，是"披着羊皮的狼"。家，不应该成为进行情感操控的场所，而应该是平等对话、相互尊重的地方。真正的家庭温暖，是建立在相互理解和尊重的基础上的，不是一方高高在上而另一方无条件服从。家，不是用来满足个人欲望的工具，而是一个共同经营、共同成长的温馨空间。

所以，当有人再拿"家是讲情的地方"来压你，不妨直接告诉对方：讲情没错，但讲情不是让你拿来当枪使的。在家里，咱们得讲感情，但也得有底线，这才是健康的相处之道。

（2）不讲没有必要的理

我们总是以为，任何事情都能掰扯出个一二三来。人类自诩理性动物，却常常被自己的逻辑所蒙蔽。每个人都自诩为智者，仿佛每个角落都有你的门徒——让我来给你上一课，你听我的才是正确的，不听我的就是死路一条。但在家庭中，不是所有的事情都需要讲理，有时候需要的是理解和包容。比如，你喜欢复古黑胶，我追流行音乐；你挑家具爱简约，我偏好复古风；你做菜爱多盐，我追求清淡；你爱拍风景，我沉迷绘画。这些小事，哪有道理可讲？

很多道理没有必要讲，一味地讲理，张嘴可能就是"你事儿多""你真矫情""就你一身臭毛病"。你会觉得人人都欠"收拾"，妄想把别人都改造成自己想要的样子。放下一些没有必要讲的道理，你会发现"你也不错啊""你真特别""我觉得你真有品位"。你可能会发现人间处处都美好，希望每个人都活出自己该有的样子。

而且，在深度接触一些家庭过后，我发现，很多人会在家里说一些听起来很有道理但实则只对自己有好处的话。比如"你负责赚钱养家,我负责貌美如花",或者"男主外、女主内"这样的"道理",其实就像那种只往自己篮子里捡果子的游戏规则,忽视了他人的感受和需求。最终,这些"道理"就成了摆设,没人真心想去听。

甚至,如果"道理"是单方面强加的,没有尊重对方,那么结果就是每个人都觉得自己有道理,谁也说服不了谁,最终演变成无休止的争吵。

(3)情与理的结合

在家庭中,情和理不是站在对立面的,它们更像是一双翅膀,需要协同工作才能让家飞得更高。好的家庭关系需要在情与理之间找到平衡,这是家庭和谐的关键。所以,我们都得学会**在情感的基础上讲理,在理性的框架下讲情**。下面拿我家举例。

有一次,我正忙着准备周末的全家出游,心里满是期待。孩子兴奋地琢磨着要带哪些玩具,夫人则在厨房里忙碌,准备着野餐的食物。一切都那么美好,直到周五晚上,我的手机响了,有个紧急项目需要周末加班。

我拿着手机,心里沉甸甸的。我知道这个消息一说出来,家里的气氛会立刻冷下来。我决定不马上说,而是等到晚饭后,大家心情都比较放松的时候再说。我坐下来,清了清嗓子,说:"我最爱的家人们,我有个消息要告诉你们……"我尽量让自己的声音听起来轻松,但看到他们脸上的笑容慢慢消失,我心里还是揪了一下。

我赶紧接着说:"不过,我想到了一个更好的计划。我们可以周六早上去公园野餐,我下午去处理事情,然后周日我们再去远一点儿的地方玩。"我看到夫人和孩子互相看了看,虽然有点儿失望,但他们的眼睛里还有光。他们知道，我愿意为了这个家做出调整。

夫人点了点头，然后和孩子兴奋地讨论起周六的野餐。我知道，这个折中的方案虽然不完美，但至少我们还能在一起度过一部分周末时间。周六晚上，我处理完工作回来，看到他们为我留的晚餐，心里暖暖的。周日，我们全家一起出发，虽然只有一天，但那份快乐和亲密比什么都重要。

试想一下，当我面对不得不去加班的现实，如果选择直接宣布这个消息，并且摆出一副"我都是为了这个家"的姿态，那么无疑会给家人带来失望和不快。那一刻，需要的不仅仅是逻辑和理性，更需要的是温暖。

通过上面的讨论，我们可以看到，家是讲情的地方，也是讲理的地方。情感需要有底线，理性需要有温度。有了情，我们才能走到一起；有了理，我们才能走得更远。通过理解和尊重，我们才能找到家庭中的平衡点，让每个家庭成员都感到被听见、被重视。没有尊重的爱，就像没有阳光的花园，花儿终将凋零。这样的家，不是家，充其量只是一个住所。

5. 家的"空性"：洞见家庭的无限可能

"家家有本难念的经"，这句话经常被我们挂在嘴边。这些年我遇到许多来访者，他们无不带着疲惫的眼神，倾诉着家庭生活中的各种辛酸、无奈：夫妻间的冷战、子女教育的分歧、代际间的误解……

他们的状态，让人感觉像孙悟空被金箍困住了，无论怎么努力都难以摆脱。曾有位母亲对我说，她感觉自己被困在了"好妈妈"的角色里，为了家庭牺牲了个人的梦想和自由。另一位父亲则在我面前愁眉不展，他不知道如何与青春期的孩子沟通，感觉自己在家庭中被逐渐边缘化。还有一些在家庭和事业之间挣扎的职场人士，他们常常感叹："为什么我总是无法平衡这两方面？"

我们常常在不知不觉中将生活过成了一成不变的剧本，每天重复着相同的台词，扮演着别人眼中的某个角色。在日复一日的枯燥、倦怠当中，家庭逐渐失去了活力，我们则逐渐忘了当初组建这个家的意义。

上面这些故事，虽然各有不同，却都指向同一个核心——家庭，这个本应是最温暖的地方，却成了他们心中最难解的谜题。

你有没有想过，这些剧情，其实可以自己编写？我们不应成为只能被动接受命运的人，而应做自己故事的创作者。

想象一下，如果家不再是那个让你感到束缚的地方，而是一个充满无限可能的宇宙，你会如何重新定义它？如果家庭关系不是那种让你头疼的乱麻，而是你手中可以随意塑造的黏土，你会如何塑造它？

现在，我们要探讨的不是如何维持现状，而是如何颠覆现状，我们要挑战的不是家庭的边界，而是对家庭的固有认知。

1）"人生剧本"不可改写吗

你知道吗？我们每个人在小时候就开始写自己的"人生剧本"了。这个"剧本"悄悄地藏在我们的脑子里，悄悄地影响着我们的每一个决定。很多时候，我们甚至没意识到它的存在，直到有一天，我们突然发现自己的生活好像被某种模式控制了。

就像电视剧《神探夏洛克》里的华生，他总是被那些神秘、复杂的人吸引。他选择了玛丽——一个有着秘密过去的特工作为自己的妻子。当秘密被揭开时，他感到震惊和愤怒，问夏洛克："为什么我总是遇到这样不正常的人？"夏洛克一语道破："因为你选择了他们。"华生爆发了，踢翻凳子，愤怒地喊道："为什么每件事情都是我的错！"这一幕不仅是电视剧的高潮，也是对我们现实生活的影射。它让我们看到，我们其实是在操控自己的命运，而且我们必须为自己的选择负责。

在这些年的工作中，我遇到了不少来访者，他们常常叹着气跟我说："我这辈子就这么完了。我想改变，但感觉太晚了。"他们的话语中透露出一种深深的无力感和绝望。很多人觉得自己的生活就像一场悲剧，人际关系糟糕透顶，好像已经没有希望了。

我完全能理解那种感受，那种被生活压得喘不过气来，感觉自己被命运玩弄，怎么挣扎都逃不出去的挫败感。就像被困在一间黑屋子里，四处摸索却找不到门把手，连一丝光亮都看不见。

但是，我想跟大家说的是，即使在最艰难的时候，我们也能点燃一支蜡烛，找到那扇通往光明的门。我们的人生不是预先写好的、等着我们照着去演的剧本，它更像一张等着我们去画画的白纸。每个人都有能力去改写自己的故事，去重新定义自己的命运。

2）笔的故事与命运的重塑

下面，我想通过一个简单而深刻的故事——"笔的故事"，跟你探讨为什么我们人生故事的每一个章节都充满了选择和可能性，以及如何通过这些选择来塑造我们的命运，进而改写人生自传。

如果我手上拿着一支笔，在你面前举着问："这是什么？"你一定会回答："这是笔啊！"然后，想象一下现在有一只小狗跑进来了，我把这个东西在小狗面前动一动、晃一晃，去逗它。你觉得小狗会做什么呢？对，小狗会把它咬在嘴里，跑到一边去玩儿。小狗会认为那是一支笔吗？不会，小狗会把它当成磨牙玩具，虽然在我们来看它是一支笔。请问谁对谁错呢？如果你仔细思考，一定会说："没有对错！"

为什么会说没有对错呢？因为人确实可以用它来写字，而小狗把它咬在嘴里也确实觉得很好玩，所以没有对错！这个故事告诉我们，同样的事物在不同的观察者眼中，可以有不同的意义和用途。同样，我们的人生故事也是如此。我们如何看待自己，如何定义自己的角色，决定了我们的故事将如何展开。

接下来，请想象一下，如果我把这个东西放在房间的一张桌子上，然后所有人离开房间，小狗也离开。请问，在这个空无一人，也没有狗的空荡荡的房间里，这个东西是笔还是磨牙玩具呢？如果你仔细思考，一定会说："它什么都不是！"对！它目前什么都不是，还在等待着成为某种物品。我们把这种情况简称为万物的潜能，在古老的智慧中，这被称为"空性"。

空性这个概念是佛教智者们在长期的思考和实践中逐渐发展和完善出来的，它可以帮助我们以更开阔的视野去看待世界和生活，理解一切事物的相互依存和不断变化的本质。

空性不是有些人想象的那样，它不是指闭上眼睛一片漆黑、虚无缥缈的状态，也不是指闭眼观察自己的念头变来变去的过程，更不是指在有人亲吻你时保持冷静、感觉不到快乐，或者在有人打你时保持镇定、感觉不到愤怒的那种境界……这些都是对空性的错误理解。

那么，真正的空性是什么呢？就像前面的故事所讲的，空性可以理解为桌上摆放的物品，这些物品本身并没有固定的意义，其意义取决于下一刻出现在房间里的事物。换句话说，空性意味着事物的本质是开放的，一个事物的意义和性质是由我们与它之间的互动以及我们对它的理解所决定的。

如果一个人走进房间，人的视线触碰到这个东西，那它此时是一支笔。如果一只小狗进入房间，那它对小狗来说就是磨牙玩具。如果一个人和一只小狗同时走进房间呢？这时，这个东西是一个真实的存在，但它既是笔又是磨牙玩具，充满了无限可能。在这个时候，在这个房间里，存在两个相互平行但完全不同的世界。

空性的确切含义是：事物有不同的可能性，拥有无限的潜能。此时，有个有趣的话题了。继续前面的话题，人和狗看到同一个东西，识别为不同的东西，人看到的是一支笔。请问，"笔"这个概念是从哪里来的呢？是这个东西告诉人们"我是一支笔"，还是人的意识中投射出来一条信息"这是一支笔"？如果你非常认真地思考，你会发现，这个概念是来自我们自己的，是我们认为它是一支笔，并不是来自笔本身。

你一定会说，本来就是这样的，人的世界怎么可能跟狗的世界一样呢？的确是这样！但是你想一下，当你才几个月大的时候，看到一支笔，你会用它写字吗？说不定你也会把它拿起来咬着玩儿。而且在这个世界上，也的确有人把它当作搅拌棒之类的东西。还有我们喜欢的书籍，或许在你某位长辈的眼里，就是用来垫桌脚的东西，对吗？一件物品到底是什么，取决于观察者是谁，以及观察者的想法。

事实上，我们周围的人、事、物也是这样的，那个不讲理的伴侣、不听话的孩子……这些定义从来不来自其外在本身。通过理解笔的故事和空性的概念，我们可以认识到，我们的人生和我们看到的世界，都是由我们自己的意识和行为塑造的。基于这种认识，我们可以开始改变自己的看法，从而改变我们的生活和世界。

·那位觉得自己被"好妈妈"标签困住的女士，她的苦恼其实我们都懂。谁没有过在超市里推着购物车，心里却想着自己的诗和远方呢？她面对的挑战，其实就是我们所有人面对的挑战：如何在做好父母这一角色的同时，也能"做自己"。这不是一场战斗，而是一次探险，寻找的是那个既能照顾家庭又能追求自我的平衡点。

·那位与青春期孩子沟通不畅的父亲，他的困惑也是我们的困惑。我们都曾在孩子的房门前徘徊过，手里拿着水果，心里却闪着问号：怎么就突然变得这么难沟通了呢？其实，这正是我们重新学习如何与孩子相处的机会，是时候放下手机、端起耐心，和他们一起寻找新的交流方式了。

·那些在工作和家庭之间奔波得焦头烂额的职场父母，他们的疲惫我们感同身受。谁不曾在加班后回家的路上心里还惦记着孩子的作业和明天的早餐？他们的挣扎，其实是在提醒我们：生活不是一道单选题，而是一块可以自由涂鸦的画布。我们需要的不是更多时间，而是学会更聪明地分配时间，让工作和家庭不再是对立面。

3）让人生幸福的种子法则

当我们意识到家庭关系就像那支笔一样，有着无限的可能时，我们就会想知道：怎样才能把这些可能变成美好的现实呢？这就是下面要跟大家介绍的一个实用法则——种子法则。

这个法则其实挺简单的，就像种花种菜一样。假如想种出美丽的玫瑰，你就得播下玫瑰的种子，给它们浇水、施肥，然后耐心等待它们开花。同样地，我们想让家庭和谐、幸福，就得种下对应的种子，比如爱、尊重和理解。具体做法如下所述。

（1）有意识地种下好种子

在日常生活中，我们可以通过做一些简单的小事来种下积极的种子，比如对陌生人微笑、帮助邻居、对家人说"我爱你"、在工作中多做一点儿、对他人的成功表示真心祝贺……这些行为虽然看似微不足道，但都是积极的种子。

（2）种子的生长和结果

这些种子会在我们心中慢慢生根发芽，最终为我们的生活结出幸福的果实。例如，经常帮助他人可能会让我们在需要时得到帮助，在工作中付出热情和努力可能带来意外的晋升机会，对伴侣表达爱意可以使关系更加牢固和甜蜜，对孩子的耐心和欣赏可以收获他们的成长和回馈。

（3）耐心等待，持续关爱

种下种子并不意味着能立即得到结果。就像种下的花需要时间生长一样，我们的种子也需要时间在生活这个土壤中逐渐生长。我们需要耐心等待，持续给予关爱和滋养。

（4）避免种下不良种子

我们也得留意不要种下那些不好的种子，如愤怒、嫉妒或贪婪。这些负面情绪和行为就像杂草，会影响我们的幸福之花生长。当我们意识到存在这方面的倾向时，应该及时拔除杂草，用正面的情绪和行为取代它们。

要记住，生活是由我们自己主宰的。**我们不能改变过去，但可以改变未来；我们不能控制风向，但可以调整航向。**我们可以选择让每一天都充满阳光，也可以选择任由阴霾笼罩自己。

通过有意识地种下好的种子，我们可以创造出想要的幸福生活。

就像那支笔，它最终会成为什么样子，取决于我们怎么看它、怎么用它。我们的生活也是如此，它最终会成为什么样子，取决于我们种下什么样的种子。所以，让我们从现在开始，有意识地种下幸福的种子，等待它们开花结果。

6. 家和万事兴：内通外顺的生活哲学

家，是故事开始的地方，也是我们可以重新编织故事的所在。

下面，我想和大家分享两个故事，它们出自我的来访者。在这些故事里，你将看到主人公是如何哀叹自己，如何身心疲惫，最后又如何幡然醒悟，播下自我改变的种子并实现内通外顺的。

这些故事的主人公，可能就是大家身边的人，也可能正是我们自己。故事告诉我们，家庭的和谐不是表面的平静，而是心里的那份宁静和自我觉醒。故事也提醒我们，家里的每个人都能成为变化的火种，都能用手中的力量改写我们的家庭故事。

1）故事一：家里的"风暴"变"暖风"

在我帮助人们改善生活的实践中，有时会遇到一些棘手的案例。比如，有一位中学老师，她的婚姻就像一场突如其来的暴风雨，来得快，去得也快。2022年4月，她和同样是教师的伴侣喜结连理，但到了5月，他们的婚姻就因为无休止的争吵，即将走到尽头。她经常把"离婚"挂在嘴边，每次她这么说，她的丈夫总是耐心地劝她，希望她能冷静下来，不要轻易放弃。但有一次，当她又一次提离婚时，她的丈夫终于说："好，离就离吧。"丈夫质问她："你真的是一个老师吗？你完全颠覆了我对老师的印象。"这让这位学员感到非常痛苦和困惑，她不明白为什么自己在外面能保持那么优雅、高贵的形象，而在家里却完全失控。

在深入了解她的情况后，我发现她是一个控制欲很强的人，在感情关系中总是持双重标准。在家里，她对父母的关心也显得非常有限。她经常在电话中对父母大声说话，甚至在他们提出一些简单的请求时，比如希望她能回家共度周末，她会不耐烦地回答："我很忙，你们自己解决吧。"有时候好不容易回了一趟家，当母亲不小心打碎了一个盘子时，她会大声斥责："你怎么连这点儿小事都做不好？"这种突如其来的愤怒让两位老人感到非常委屈和无助。她对别人的要求总是很高，百般挑剔，却不愿意改变自己。为了帮助她重新播种，我带她做了下面三件事。

第一步：写下"我讨厌他"。

我让她做了一个练习，写下她认为最讨厌的人——也就是她丈夫的特质。她写下了："我讨厌他显摆；我讨厌他'装'；我讨厌他自我感觉良好；我讨厌他没界限、没分寸；我讨厌他自以为是；我讨厌他故作清高。"

第二步：写下"他讨厌我"。

接着，我让她把主语换掉，变成"他讨厌我"——"他讨厌我显摆；他讨厌我'装'；他讨厌我自我感觉良好；他讨厌我没界限、没分寸；他讨厌我自以为是；他讨厌我故作清高。"

第三步：写下"我讨厌我"。

最后，我让她再次反转，写下"我讨厌我"——"我讨厌我显摆；我讨厌我'装'；我讨厌我自我感觉良好；我讨厌我没界限、没分寸；我讨厌我自以为是；我讨厌我故作清高。"

"浩青老师，太对了！原来我讨厌的是我自己，家人是我的镜子！"她惊叹道。

这个过程让她深刻地意识到，原来她所讨厌的特质，正是她自己在无意中播撒的种子。她看到了自己在关系中的行为如何影响了她的家人，也影响了她自己。这个深刻的自我反省过程，就像在她的花园里拔除杂草，种下新的种子。

她开始意识到，自己以前的强硬和直接，其实是一种防御机制。在内心深处，她感到脆弱和不安，害怕表现出弱点，担心这样会让她失去控制权和他人的尊重。

她曾经是那种在任何情况下都不愿意表现出弱点的人。在工作中，她总是第一个到单位，最后一个离开。她的教学成绩斐然，但她的同事很少看到她放松的一面。在家里，她总是想承担所有的家务，她觉得家人做家务的样子不顺眼，所以总是一边做一边抱怨。她的家人也习惯了她这种"无所不能"又"脾气暴躁"的形象，但这也让她感到孤独和压力重重。

随着时间的推移，她开始意识到，这种"无所不能"的形象其实是一种自我保护。她内心深处害怕被看轻，害怕失去控制，所以总是表现得强硬和独立。但这种强硬的外壳让她感到疲惫，她开始渴望改变。

于是，她开始学会向家人"示弱"。以前，她可能会直接命令家人做某事，比如："把电视打开。"现在，她开始在句子末尾加上"可以吗""谢谢你哦"。

这样的表达方式对她来说很不自然，她甚至在说出口后感到有些羞愧，担心会被看作软弱。她的家人，尤其是她爸妈，最初对她的改变感到困惑和不适应。他们习惯了她的"蛮横不讲理"，当她开始尝试温柔和平和时，他们甚至怀疑她是否生病了或者有什么其他的问题。

我让她学会接纳这个过程中他人的眼光，并勇敢前行。后来，她开始在感到疲惫时不再勉强自己继续做家务。她会坐下来，深呼吸，然后温柔地对丈夫说："我今天真的挺累的，我们能一起分担这些家务吗？"逐渐地，她也开始勇于表达自己的不安和忧虑。过去，她总是把问题闷在心里，但现在，当她感到焦虑时会主动说："我有点儿担心这个月的开支，我们能坐下来一起讨论怎么调整吗？"令她惊喜的是，丈夫的反应总是充满理解和支持。他愿意分担忧愁，甚至为她愿意分享自己的感受而高兴。

后来，她开始在课堂上放下身段，与学生分享自己过去的糗事。比如，在她的一次公开课上，全校的语文老师几乎都来了，在讲现代诗的时候，她抛出了一个自以为很酷的问题，期待学生能给出精彩的回答。结果呢，教室里一片死寂，学生一个个大眼瞪小眼，没人举手，现场尴尬到了极点。她现在回想起来，还忍不住笑自己当时那个窘迫的样子。

现在她把这事儿当笑话讲给学生听，告诉他们：看，老师也不是万能的，也会出糗。她发现，这样做并没有削弱她的权威形象，反而让学生更加尊重她，因为她展现了真实和勇气。

她的内心世界也在慢慢发生变化。她开始花时间照顾自己的情感需求，比如阅读喜欢的书而不是教案，每天做正念练习，偶尔和朋友聚会。这些事情让她感到更加充实和平静，她不再需要通过控制家庭来获得安全感，也不再害怕暴露自己的弱点，因为她知道这并不会让她显得软弱，相反，她逐渐认识到——只有真正强大的人才敢于示弱。她的改变不仅改善了与家人的关系，更重要的是，她在一步步接近理想中的自己。

2）故事二：从"隐形"到"闪光"

如果说，上面的故事中那位中学老师原本是一个"狂躁的女王"，那么下面的故事中的主人公可以说是"卑微的奴仆"。让我们看看她又是如何一步步成为了自己生命中的主人的。

她是一个全职"宝妈"，她的丈夫——一个工作狂，经常加班到深夜，留下她独自面对空荡荡的家。有时候，她想跟老公撒撒娇、说说心里话，可老公总是那句"我累了"，然后就没下文了。他们之间的对话越来越少，每次尝试交流总是以争吵告终。

她跟我说："老师，我在家里感觉自己就像一个隐形人。我做的饭，他吃几口就忙别的去了；我说的话，他好像也没听进去。我有时候就想，我是不是就不该有期待？"

她和公婆的关系也是一言难尽。每到周末，她都得去公婆家帮忙干活，扫地、擦桌子、做饭，什么活都干。可不管她怎么努力，公婆总是能挑出毛病来，还总是被拿来和其他媳妇比较。有一回，她在厨房忙着做饭，一不小心切到了手，血一下子就流出来了。她疼得直吸气，可公婆看了一眼，没说关心的话，反倒埋怨她："多大年纪的人了，干啥啥不行。你要是不想做饭就别做，没人求着你。"她站在那里，捏着受伤的手指，心里五味杂陈，不知道该说什么好。

她的生活仿佛被固定为一个不断重复的模式，总是优先考虑家人的愿望，却把自己的需求和感受抛在了脑后。她感觉自己就像家庭这部大戏里的配角，总是站在舞台的边缘，看着别人的故事上演。

她对我说："老师，我感觉自己就像家里那个总是被忽略的人。我做的一切，好像都是为了让别人满意，从来没有真正为自己活过。

只有在你面前，我才感觉自己有点儿分量，没了你的肯定，我真不知道自己算什么。我多希望自己能变得更好，好让你觉得骄傲。我老是来问你这问你那，其实我不是真的有那么多问题，我就是想听到你的回答，那样我才觉得自己有点儿价值。"

她不知道的是，她自己就是一部电影的主角，她有力量改写自己的故事。

我告诉她："当你想念我的时候，请试着去想念你自己；当你把我当作知音时，请成为你自己的知音；当你想表达爱时，请先对自己表达爱；当你想听我的声音时，请倾听你内心的声音；当你想实现我的梦想时，请先为自己的梦想行动起来。当你感到害怕、需要有人牵你的手时，请将双手放在胸前，拥抱你内心的小孩。当你想向我分享喜悦、寻求认同时，请对着镜子里的自己说：'我很棒，我是我自己。'"

在我开始引导她进行自我肯定的练习时，她站在镜子前，紧张而期待。她轻声地开始重复那些肯定自己的话语："我爱你，我值得拥有美好的生活。"起初，她的声音微弱，带着不确定和颤抖。她重复着话语，说出每个字时都像在攀登高山，艰难而沉重。她努力维持着表面的镇定，逐渐增大音量，试图让自己相信这些话语。然而，就在她重复这些肯定语句的时候，她的情感突然决堤，内心深处的情感如同被压抑已久的火山，终于找到了爆发的出口。

她的话语被哽咽打断，眼泪不由自主地涌了出来。她一边说着"我爱你"，一边哭泣，这些年来所有的压抑和未被看见的泪水都在这一刻得到释放。她哭泣，因为她终于开始面对那个一直被忽视的自己，那个渴望被看见、被理解、被爱的自己。

她告诉我："老师，我不知道为什么，说着说着就哭了。我感觉这些年来，我一直在为别人活，从来没有真正为自己活过。这些话，就像一把钥匙，打开了我内心深处一直不敢面对的门。"

我轻声安慰她，告诉她这是正常的，是自我发现过程中的一部分。哭泣并不代表软弱，而是情感释放和自我疗愈的一种方式。我鼓励她继续这个过程，因为每一次自我肯定都是对自己内在力量进行充电。

随着时间的推移，她的泪水逐渐减少，她的声音变得更加坚定和自信。她开始设定个人目标，这些目标小而具体，比如重新开始阅读，以及保持每天步行五千步。她不再为了满足别人的期待而活，而是为自己的成长和幸福负责。她学会了说"不"，这在一开始对她来说很难，但她意识到这件事非做不可。

随着她开始关注自己的需求，她的丈夫也逐渐感受到了这种变化。有一天晚上，她的丈夫又一次加班到很晚，当他回到家时，发现她没有像往常那样等他，而是已经休息了。餐桌上留了一张便条，写着："亲爱的，我先睡了，明天早上我报了瑜伽课。锅里有给你留的晚饭，记得热一下。"他微微有些惊讶，但也意识到，她不再是那个永远在等着他的人，已经有了自己的生活和节奏。

公婆的态度转变更为微妙。起初，当她宣布自己要开始上烘焙课，不能每个周末都去帮忙做家务时，公婆的反应并不是她所期待的理解和支持。她鼓起勇气，尽量用平静的声音对公婆说："爸，妈，我最近报了一个烘焙班，周末要去上课，家里的卫生我可能顾不上了。我们可以请个钟点工帮忙吗？"公婆愣了一下，公公的眉头皱了起来，婆婆则是一脸的不悦。

"你这是怎么了？家务事怎么办？我们年纪都大了，哪里做得动这些活儿。"公公的语气中带着责备，婆婆则是在一旁不停地摇头，嘴里念叨着："真是越来越不像话了。"

她站在那里，没有说话。她知道公婆习惯了她每个周末去帮忙，但现在她需要一些属于自己的时间。她深吸了一口气，坚定地说："爸，妈，我知道这对我们来说都有点儿不习惯，但我真的很需要这个时间来做些自己喜欢的事情。我相信我们可以找到解决办法。"

接下来的几周，家里的气氛有些紧张。公婆明显对她的缺席感到不满，有时会在饭桌上故意提起邻居家的媳妇如何能干、如何照顾家庭。她听到这些话，心里虽然难过，但咬紧牙关没有放弃自己的烘焙课。

随着时间的推移，公婆开始注意到她的变化。她变得更加自信和快乐，而且她把烘焙课上完成的作品拿到家里展示，给家里增添了一抹甜蜜的气息。有一次，婆婆在客人面前无意中提到了她做的蛋糕，语气中竟然带一丝骄傲："这是我媳妇做的，她在烘焙班上学的。来，尝一下味道。"

慢慢地，公婆开始接受这个新的变化。他们开始尝试着自己做家务，虽然有时会抱怨几句，但渐渐找到了自己的节奏。公公甚至在一次家庭聚会上，主动提出要帮忙洗碗，这让所有人都感到惊讶。婆婆也说想和她一起参加烘焙班，两人在课堂上有说有笑。有一次，婆婆当着全家人的面对她说："你学点儿东西对心情挺好的。人，就得活得自在一些。"这让她感到无比欣慰。她知道，自己做到了。

在我们的日常生活中，家庭关系往往是最复杂也是最微妙的。或许，你在家庭中常常扮演着那个"强硬"的角色，但在内心深处，你渴望被理解、被拥抱。你可能会问："为什么我总是不能放过自己、放过别人？"或者，你也是那个总是默默付出的人。你可能会想："我的努力真的有人看到吗？别人对我的认可真的那么重要吗？"

上面的两个案例，告诉我们如何在这些疑问中找到答案，如何在这些挑战中找到出路。两个案例，两种截然不同的生活状态，都指向了同一个核心：我是一切的根源。两个故事的主人公都告诉我们，无论我们扮演着何种角色，面对何种挑战，我们都有能力去改写自己的故事。那不会是一夜之间的变化，而是一个深刻的自我觉醒过程，一个从"内通"到"外顺"的转变。

3）内通外顺

（1）内通：自我觉醒与成长

内通是一种深刻的自我觉醒过程，它要求我们深入探索内心，识别并拥抱自己的不完美。这么做是基于一个简单的事实：我们能控制的只有自己，而不是他人。因此，当我们在人际关系中遇到问题时，首先应该问自己："我能做些什么来改善这种情况？"

当我们开始这样问自己时，内通的过程就真正开始了。这个过程，就像给自己的心灵来了个大扫除。你会发现一些早就该扔掉的东西，比如傲慢、贪婪、嫉妒、愤怒等会让自己陷入内耗的情绪。这些东西可能一直藏在角落里，偶尔跳出来捣乱，让我们遭遇挫败。

内通的过程有时候会很痛苦，像极了活体解剖，但它是通向幸福关系的必由之路。一个不了解自己的人，永远无法真正了解他人，更别提实现和谐的关系了。进一步，如果你知道理解自己有多难，就会知道要求别人理解自己、跟自己感同身受有多荒唐。在爱情里，在亲情里，在一切亲密交往当中，因为渴求理解和被理解而引发的有形、无形的"战争"，难道我们见得还少吗？内通，就是让我们不再只是盯着别人做了什么，或者他们怎么回应，而是开始往自己的心里看，看到引发一切的根源，进而真正解决问题，获得真正的幸福。

（2）外顺：和谐关系的自然延伸

当我们实现了内通时，外顺便成为一个自然而然的结果。

我们不再试图"强扭瓜"——让别人按照自己的想法来，而是把心思放在让自己变得更好上。这种转变就像家里买了新家具、种了新盆栽，会带来更多的生机和活力，我们开始用更积极、更有建设性的态度和家人交流。我们跟家人的相处，不再是"你得听我的"或者"都是你的错"那样子，而是"我懂你"或者"谢谢你"这样子。这种变化就像悄悄发生的一场革命，悄无声息地改变了家里的气氛，让家庭变得更加和谐。

在我看来，"内通外顺"不仅仅是一种生活技巧，更是一种生活哲学。我一直认为，真正的改变始于内心，真正的力量源自于自我。当我们开始在内心中寻求答案，就会发现，外界的挑战和困难不再是不可逾越的障碍，而是成长和进步的催化剂。当你开始践行这样的观念时，你就会明白：**家庭和谐不是目标，而是我们在追求个人成长和自我实现过程中的副产品。**

（3）实现家庭幸福的三个阶段

与王国维所说的"治学三境界"类似，我认为实现家庭幸福有三个阶段。

①启程之时：昨夜西风凋碧树，独上高楼，望尽天涯路。

家庭生活刚开始的时候，大家都在摸索，就好像一个人站在楼顶上，望着远处的路，不知道会通向哪里，又好像你刚买了一张去未知目的地的车票，心里既兴奋又有点儿紧张。家里每个人可能都在想："我在这个家里应该怎么做？""我们要怎么相处？"在这个阶段，大家都在尝试，都在迷茫，有点儿像摸着石头过河，试图找到最适合大家的相处方式。

②付出与奉献：衣带渐宽终不悔，为伊消得人憔悴。

你想过没有，你真的快乐吗？你的牺牲换回了什么？你的生活是否只剩下了责任？你心中的梦想是不是已经模糊？你的疲惫有谁知道？你的付出是否被他人当作理所当然？你的内心是否在悄悄崩溃？你还在坚持，是为了谁？你，是否还记得自己是谁？

就像故事里的英雄一样，咱们很多人为了家，也差不多把自己的需要都抛到脑后了。天天把工作带回家，肩上的担子压得人喘不过气，孩子睡了之后还得对付那堆永远干不完的活儿……这样的付出无疑是伟大的，但随之而来的是深深的疲惫。父母怨孩子没能考个好成绩，孩子怨父母一心想着攀比。或者，你怪伴侣不够关心你，对方却怨你管得太严厉。我们争吵着谁当家、谁做主，想让家里人都看到自己的辛苦和付出……最后，彼此看着这样的一团乱麻，不由得问——这真的是我们想要的家吗？

③顿悟与放手：众里寻他千百度，蓦然回首，那人却在，灯火阑珊处。

家里那些鸡飞狗跳的日子，是不是让你感到筋疲力尽？闹够了，慢慢才明白，家里的事不是声音大就能解决的，真正的钥匙在自己手里。

在这一刻，你可能会幡然醒悟：**每个人都是独立的个体，都有自己的道路要走。你的另一半有自己的梦想，孩子有他自己的天地，**

而你，也有自己的故事要继续。 每个人都需要找到自己、成为自己，我们不是要改变别人，而是要先改变自己。这种顿悟，就像你一直在寻找的东西其实就在你的身后，只是你未曾回头。

在这个过程中，咱们会学会在起起伏伏中找平衡，在磕磕绊绊中找窍门，在争争吵吵中找默契。我们可以尝试、失败、学习、再次尝试，直到我们找到那个答案，最终一次又一次地爱上自己，爱上这个家。